人非草木

U0377649

一片茶叶和老人的故事

寇丹 著

上海书店出版社
SHANGHAI BOOKSTORE PUBLISHING HOUSE

目录

柏子树成就前世今生

　　1300年前的唐代，有位活到120岁的和尚叫从谂（ren）。他在80岁那年到今天石家庄市附近的赵县生活了40年，又称"赵州和尚"。他一生的故事和禅案很多，到今天还被人不断提起的是"吃茶去"三个字。原来，有一天有个和尚来见他，他说："吃茶去。"不久，又有一个和尚来见他，他还是说"吃茶去"。旁边的人问他为什么对头一次来和第二次来的和尚都说"吃茶去"呢？赵州和尚听了就叫了他一声，他刚一答应，和尚又接着说："吃茶去。"这三个字至今被中外的禅茶学者各自领悟解释，被称为"三字禅"。

　　在什么情况下都用同样三个字回答，所包含的绝不是同一个意思。这是一个非常深刻的佛学道理。它不是一个知性的问题，而是一个实践的意义。就像品茶一样，光知道有什么茶还不行，要亲自去看看、尝尝，比较一下，才知道这是贵州的毛尖，那是浙江的龙井，还是福建的铁观音、大红袍……赵州和尚的语录非常多，研究他的书也不少，赵朴初说："七碗受至味，一壶得真趣。空持百千偈，不如吃茶去。"启功先生说："七碗神功说玉川，生风枉托地行仙。赵州一语吃茶去，截断群流三字禅。"他们两位说的"七碗"是指唐代卢仝（号玉川）写的七碗茶诗，从第一碗解闷到发轻汗再有了精神变化的过程写了茶的功能。陆羽写《茶经》被尊为"茶圣"，同时代的卢仝被尊为"亚圣"。过去茶店里写的"陆卢遗风"匾额就指他们俩。

清风生
两腋习习
也惟
七碗喫不得
丰子恺画写

卢仝吟茶圖
一碗喉吻润二碗破孤闷三碗搜枯肠
惟有文章五千卷四碗发轻汗
平生不平事尽向毛孔散
五碗肌骨清六碗通仙灵

茶是中国人的"国饮"。喝茶有益、有礼、有道。茶道的核心包括两个内容:一是从准备喝茶到泡茶及饮用的规范方法;二是思想内涵方面的,通过品茶修身养性,陶冶情操。像贵阳南明区曾举办"黔茶飘香、品茗健康"的万人泡茶活动来促进城市文明和建立和谐祥和的社会风尚,就是把个人品茶引向了社会的集体活动。喝茶是中国人生活中的一件最普通的事。

我在柏林禅寺举行的国际首届禅茶会议上应邀作了发言。我最后作的二偈是:

> 柏子树下吃茶去,身在茶中不知茶。苦思冥想无着处,何如低头看当下。

> 三字禅说千年谜,柏树开花塔生鱼,四海宾朋蒲团坐,打破砂锅问自己。

因为柏树不能见花,那矗立的石塔里也游不出鱼来。生活中人们往往身在茶中不知茶,身住福中不知福,总是去比较或要别人来帮助。"吃茶去"就是启发你只有自己去解决你生活中遇到的一切难点与烦恼,才是真的在喝"茶"。

一生的追寻不过是吃茶来

赵州和尚三字禅"吃茶去"让不少人忙活了一千三百多年,现在又出来一个"吃茶来"。说这话的不是禅语,是韩国《茶经》研究会的会长崔圭用(号锦堂)的一句日常大白话。

崔老先生在韩国研究和弘扬中华茶文化长达七十多年。1990年,他以94岁的高龄率团到湖州,伏于陆羽生活过的地上,大哭说:"陆羽啊,我终于来到你的脚下了。"1992年在湖南常德,1994年在云南昆明的国际茶会上,他承诺1996年的会议在韩国召开,他说:"这样,我一生的目的就完成了。"他100岁那年我去韩国釜山拜访了他,他写了"吃茶来"三个字给我。他说:"平时朋友见面打招呼说的都是应酬话,不如说到我家来吃茶实在。"所以他提倡"吃茶来"。但他也明白赵州和尚的"吃茶去",他和当地一座大庙的石印和尚建了一块很大的"吃茶来去"碑。

来和去是站在不同的方位上说的。像对佛有十种尊称,其中一种叫"如来",也可以译成"如去"。来和去不是空间方位的转移,也不是时间的迁流,都是指的当下。所谓当下,就是眼皮子下的这一刻,不是指一段时间。

赵州和尚说吃茶去是指一个广阔的空间,也不是真的有茶等你去吃;而崔老先生说吃茶来是有真的茶在等你。这样比较一下,把禅语的"去"改成白话"来"就意境大变了。

关于中华茶文化精神的概括通常都是四个字。如"廉美和敬""礼乐和美"等不下二三十种。其中把儒家的"正"、佛家的"和"、道家的"清"、茶文化自身的"雅"组成"正和清雅"作为一种以"和"为中心的文化精神。在这种精神下，在一碗茶面前不必分长幼、尊卑、男女，更不必像酒席那样分什么上座、下座、买单座……我访问新加坡时，一家很大的茶馆要我题词，我就写了几句大白话："赵州和尚吃茶去，韩国茶星吃茶来。茶碗圆团似明月，欲知东北即西南。"

在一碗茶前人人平等。日本茶道里千家提出"一碗茶中的和平"，认为世界各国领袖都能坐下来，以喝一碗茶的精神处理事务，世界就没有冲突和战争了。

你喝的那款茶，究竟是什么味儿

中国人自豪，说"茶的母国是中国"。中国人爱茶，说"茶是中国的国饮"。

祖祖辈辈都喝茶的人了解茶吗？56个民族不约而同地以茶敬客、以茶为礼是最普及、最俭朴、最生活化的茶道，但不少人还是不了解茶。

茶树都是绿的。虽然有红、青、黄、白、黑各类之茶，区别在于加工方法不同就变化出许多形、色、味迥异的茶来。有的浓酽，有的醇厚，有的如翻寻陈年缸底，只有绿茶是飘逸、空灵、淡雅的。

绿茶是一首隽永的诗，也是心灵互应的一篇散文。

偏带黄色的是龙井，细眉如卷的是碧螺春。有的形如雀舌，有的身如索铁，一副耐泡的架势；有的圆如鱼眼；有的身披白毫银光闪闪；有的在采摘时下了功夫，经水一泡，根根叶芽竖在杯底；有的用针线缀成花簇，在水中叠起了几层楼台，犹如牡丹等等。光是一个"绿"字就分杭绿、遂绿、温绿、屯绿、舒绿、婺绿……

古人把绿茶称为"清友""涤烦子""不夜侯""苦口师""清人树"，这些尊称是指茶之性；又把茶称做"灵芽""瑞草""绿雪"等，是指茶的功能和形状。有的茶名被披上仙、佛、道的宗教色彩，有的附会历史人物、名山大川、奇泉飞瀑，给人以种种联想，赋予茶的灵性，茶也成了文化的载体。

茶通儒道，通在中庸。孔子说"中庸之为德也"。又说"礼之用，和为贵"。在茶的理念中，"和"是最常见的概念。要达到"和"，须经"中"的修炼,就是温、良、恭、俭、让。

茶通道家,通在自然。老子说"道法自然"。又说"道之出口,淡乎其无味"。大道至简,大味必淡。连管子也说"五味之始,以淡为本"。茶至清至洁,也是崇高。

茶与禅通,通在神合。茶的味道各在人心,禅的领悟各人自别。这样,茶禅也好,禅茶也罢,各自内涵,互通映照,心心相印,都是用语言难以表达的。谁说得清哪一款茶,究竟是什么味儿?

茶性洁,饮好静,品味之后有人大悟:品茶如品人,人品如茶品,人生滋味尽在茶中。

爱茶的人不一定会沏出好茶。

茶质、茶性、水温、时间……经过训练的茶艺师能把一般的茶泡出好味儿来。绿绿的、香香的,抿上一口,在舌尖腮帮上绕一个圈儿,一丝苦涩,乍现即隐,再平生出许多甘甜在舌根齿缝里久久留驻,这便是茶的韵味了。那逝去的一丝苦涩仿佛想起了才离去的冬天,眼前又是春回大地,周身舒坦。这便是品味绿茶的感觉出现了。

绿茶犹如月夜荷塘边拖曳长裙的东方女子,她素面朝天,宁静而从容,雅致又大度,品饮过后,如一壶醉人的春水微起波澜,又似一掬醒脑的清泉将心胸浊气荡涤一空。

知堂老人说:"同二人共饮,得半日之闲,可抵十年尘梦。"

老舍先生说:"有一杯好茶,我便能万物静观,皆得……温柔、洁雅,轻轻的刺激,淡淡的相依。茶是女性的。我不知道戒了茶还能怎样活着、和干吗活着。"

谁不曾经是一棵嫩芽呢?年龄的增长,岁月的艰辛,压缩了自己的身躯和身心。现在,闻着这只有在春天才有的山野芳香,看着炒制过的芽叶又挺拔复活起来,沮丧和压抑的时刻不是已经悄悄离去了吗?

茶喝得淡了,最后成为一堆茶渣。看着它们不必失落,更不要悲哀,

茶为国饮

那是它们把该奉献的都彻底地付出了。和人比，只是茶叶展现得快一点罢了。古人称"天人合一"，时尚叫"返璞归真"，佛门弟子称"无碍"；政治术语就叫"无私奉献"了……

　　"大味至淡""大象无形""大音稀声"，一堆茶渣里真是一无所有吗？杯中日月，壶里乾坤。喝茶毋分你我，慢慢品味出中华民族的精神所在，把自己也当成一片茶叶，爱上茶的精行俭德，一辈子不再分离。

让世间万物各自相安

　　山村人家烧水泡茶很简单；城里有的茶艺馆泡茶程序一十八式很繁琐。一些学者、专家能写能说出一大篇关于茶道的道理，玄之又玄。

　　什么是茶道呢？

　　"茶道"这个称呼是唐代中期住在湖州妙喜寺的和尚皎然第一个提出来的。他与时任湖州刺史的颜真卿是好朋友，孑然一身的陆羽寄居在他的庙里为《茶经》最终定稿。他指的茶道是当时茶风很盛的一套饮茶过程。不像现在说的是修养意识、哲学思维等等内容。日本结合本民族文化把中国的饮茶发展成为他们文化总代表的国粹被世界承认。我们则有汉字书法、中医中药、中国京剧这三项国粹，恰恰没有茶道。

　　有人说，中国民族多，茶种多，茶俗多，不可能有个统一的茶道。

　　有人说，56 个民族都以茶为礼、客来敬茶，这就是最简朴和明白的茶道。道不就是一个道理吗？

　　老子说"道无处不在"。可是它不玄乎神秘，就连日本茶道的祖师千利休也说：茶道不过是烧水点茶。日本还有书道、剑道、花道、武士道，甚至还有酒道、色道……但欧美国家没有咖啡道和可可道。英国和美国连"国粹"也没有。我们现在有的把少林功夫、紫砂壶等等都标为"国粹"，真是不明白这两字的分量，无知的可悲。

　　喝茶是生理解渴；品茗是休闲心态，有钱有时间才会去茶馆。鲁迅先生说过捡煤核的老太太不会去种兰花。那么饿着肚子的人会去泡茶

茶友聚會圖

馆洗桑拿？

我想，道就是个人的符合自然的一种舒适的心态和生活方式。简单不等于不好，复杂不就是坏。古人说"天道自然""道法自然"，可见天也有道，道在顺应变化自然而然。世间万物各自相安，才是舒服。常见有文字说，喝茶要品，品字三个口就是一盏分三口喝完；又见文字说大口喝茶叫驴饮，蠢人才这么喝。我绝不同意这种连喝茶也不自由的规定，口渴之极时怎不"驴饮"？为什么一盏茶要三口而尽？你手中的茶杯，陆羽称为茶器，器字不是四个口吗？你要四口喝完？人们往往人云亦云地陷入机械论的泥淖。喝茶，完全是个人生活的事。提倡喝茶是为了健康防病，懂得人与人之间的礼让和谐。到茶馆去欣赏茶的艺术化时就是茶艺；把喝茶扯到哲学化的一面时就叫茶道。

社会文化是多元的，茶文化只是其中的一种。老百姓日常喝茶是平民茶道，从中了解世俗生活具有很大的人情味；高雅茶楼喝茶是意在茶外，知道茶艺之外借着茶可达到多个人的目的。茶之道在心，能分辨美丑就好；茶之味在舌，甘苦自知就行。

一剪草帽煮出温情暖意

"客来敬茶"是中华 56 个民族不约而同又相袭已久的一种礼节。无论是否茶产区，客人上门先奉上一碗茶表示尊敬欢迎。碗里可能是奶茶、酥油茶、果仁茶和人家熟知的茶叶茶。客人喝的也是一份情，也从不论及好不好喝。这使我想起宋代的一个"草帽茶"的故事：

一天，一位远道又久违的朋友跋涉叩门而来。主人惊喜望外，连忙让座泡茶。可是茶罐空空没有了茶叶，去镇上买得半天功夫。情急之下，瞥见柱子上挂着一顶破草帽，就操起剪刀剪下一块揉碎了泡在碗中奉客。客人也不以为怪，欣然接过促膝叙谈。

草帽的草不是茶叶，碗里的汤水不但没茶味，说不定还有不洁的异味，但是传统的"以茶为礼"的"礼"的内容一样不缺。相反，主人的机智、来客的大度、双方的情谊，由于这么一碗草帽茶而再一次经受了考验。如果说，有客进门，主人泡茶时炫耀这把壶是值十几万元，泡的茶叶是几千元一斤……奉上的和接受的虽都是真正的茶，那么，和草帽茶相比，哪道茶会更好呢？

茶的文化是属于精神范围的，而一个人在生活中，精神面貌是主要的。财产多少与精神修养无关，也与快乐与否无关。往往一个人失意的时候也才会意识到精神的重要，而得意的时候他注重了物质而不问是否得之合理合德合法。这种体验如果去问银铛入囚的贪官们，我想他们一定回答得深刻。

"味外之味茶外茶"。物质的茶可以讲名气、品牌、价格。六大茶类中，每类又可分出许多名目，故有"天上的星星数得明，地下的茶名说不清"之说。然而精神的茶更像一个人的宇宙。"琴棋书画诗曲茶"的精神享受远比"柴米油盐酱醋茶"来得丰富。茶的生活需求很大部分是在味外之味的咀嚼与品味。"品味人生""品茶如品人"这些话都让我们似乎找到了为什么中华文明中要包括"客来敬茶"的礼仪，只是我们平时不会去注意到这么一片小小的茶叶上，竟承载着厚重的传统文化，在一把茶壶里装着一个社会，在杯盏之间，传递着丰富又彼此心心相应的信息……

"草帽茶"是非茶之茶，说它还是奉客的一种茶，那是它代表了中国人的传统礼仪和人与人之间应有的道德准则，岂可等闲视之。

喝一杯单纯洁净的茶

　　一个人品茶静静地，但许多时候是在独自思考，形静而心不静，所以有"品茶品心"的说法。日本茶道是和宗教中的禅学结合的，既讲究形式、仪式，更讲究内心的活动，就更强调"茶禅一味"或"心茶之路"。

　　矿泉水太浅淡，果汁太甜腻，咖啡太刺激，可可又太苍白。唯有茶深藏不露，让你暂短的微苦，又会留给你隽永的回甘。像你对待工作与家庭的责任，累一些也是幸福。

　　人和人不一样，有各自的性格志趣和味道。茶也是这样，绿茶的淡雅、红茶的醇厚、茉莉花茶似青春无邪的少女、玫瑰花茶俨然是位持重又富风韵的少妇了。

　　都说普洱茶是位久经风霜的老汉，我总觉得它们都似广东人，讲情谊重信用。不像碧螺春那样感到办事靠不住似的，因为太细太轻太柔。

　　铁观音让人觉得它饱经世事的老成笃厚，大红袍仿佛依然带着一团烘焙的火焰，让人希望牵着它的衣袂去武夷山领略那丹山秀水。

　　还有许多非茶之茶，像白菊花带着一股药香为你祛病；像宁夏的枸杞、甘草和红枣组合的"三炮台"，宛似一位粗粝结实的汉子，拉着红颜丰腴的婆姨在黄土坡上放歌调情。

　　唐代卢仝的七碗茶诗说："一碗喉吻润，二碗破孤闷，三碗搜枯肠，唯有文字五千言。四碗发轻汗，平生不平事，尽向毛孔散。五碗肌骨清，六碗通仙灵。七碗吃不得也，唯觉两腋习习清风生……"卢仝把茶从物质

推向了精神，比陆羽《茶经》只讲采造器饮的过程充实了许多。这里的"文字五千言"指的是老子的《道德经》。这也说明，茶从普及品饮到奠定了文化基础后，就把道、儒、佛三家彼此融会在一起，形成了所谓"道冠儒履佛袈裟，三家和会作一家"的局面。今天，我国各民族同喝一碗茶，促进和谐、尊重、共进，这是很有意义的。

茶科学和茶文化里有许多知识与学问。但喝茶的动作都是原始和单纯的。每个人随着自己的个性与喜好，怎么喝都可以，这才是与茶的朴素本质一致。但是，茶叶是甜苦、是清浊、是冷暖、是轻逸还是无奈，那只有你自己心中明白。如三五好友相聚品茶，彼此敞开心扉地天南海北一吐为快，最后清欢而散是一种境界；又如勉强赴约，心中芥蒂，座上又有人捏腔拿调势力霸道，个中滋味几天后想起来也会反胃。

"一片冰心在玉壶"，唐代王昌龄的这句诗，真是说到品茶心情的点子上了。

享受过程中的乐趣

　　人生是个过程，终结早已知道，只是愿意享受这一过程中的多种滋味。喝茶也是一个过程，一般就不去理会或根本不会想到其中的滋味。

　　中国人习惯把一口茶咽下肚时才说："我喝到茶了"；日本茶道是讲究在接到喝茶的请柬时，尽管距离茶咽下肚的时间还有一周时间，而主人与客人都已进入喝茶的快乐过程之中。等到茶下肚的时候，茶会也就终结了，不像中国人边喝边聊上几个小时。

　　这都是一个喝茶的过程，但它却影响到一种思维、一种观念。例如一家大企业下有好几个小公司。一年的年尾要进行总结表彰奖励，我们理所当然地把最高的奖励给予账面上利润阿拉伯数字最长的那个公司；然而在日本，有时也对严重亏损的公司给予表彰。为什么呢？那就是看过程的角度不同。一家公司年终利润的形成是多方面因素的结果，其中市场的因素最大。企业经理往往不费什么力气一下子获得了暴利，中国称之为运气好；相反，另一家公司因为市场、气候、突发事件等因素，一年来全体员工干得筋疲力尽，结果还是亏损赤字最长。作为企业董事会就应看到这种努力精神的可贵给予奖励，鼓舞他们来年继续。而那个赚了大钱的因为是靠有利条件而来，却不一定得到表彰。明白了这一点，就让我们想到为什么把茶咽下肚才算喝了茶，为什么不在洗杯、烧水、泡茶和准备插什么花、放什么小点心的过程中也享受喝茶的乐趣呢？

茶趣

光看结果不看过程的弊端就是无形中鼓励下属公司在实绩中掺加水分，报假账，骗奖励。虽然现实情况不全是这么忽略过程而偏重结果，但这种作法算不上公平，这一点，日本茶道精神对我们是有启发的。准备喝茶的过程是如此，客人走了之后，你把用过的茶具一一洗净也是招待下一批客人的过程，因此，不感到这是一种麻烦，反而又是另一种享受过程的快乐开始。

　　古人冒辟疆晚年将喝茶过程看作是一件乐事，他说："又辨水候与手自洗烹之细洁，使茶之色香性，从文人之奇嗜异好一一淋漓而出。"他在自己动手洗茶具、煮水、泡茶的过程中领略了品茗雅致的趣味。亲烹不知厌，捧着一把茶壶，中国人把人生煎熬到最本质的精髓。你想做一名生活大师，你就能在茶中找出许多事业与智慧。

给生活留一点余地

俗话说："茶浅酒满"或是"斟茶需留三分情"。意思是倒茶时在杯中留点余地，别满得像倒酒一样，这种民俗是很有哲理的。

酒是热烈的，不仅要斟得满满地，还让客人一醉方休，这样才算主人的诚意；而茶是冷静的，就在杯水的深浅之间表现出茶与酒的本质区别。

儒家文化说："满招损，谦受益"；"物无美恶，过必成灾"，要求人们对待任何事或人都留有分寸，要谦虚谨慎。这种观点从倒一杯茶时传达出来，这就是茶文化了。然而，人们在生活中又追求圆满，追求"圆满地画上一个句号"。其实，圆满就是终结，再没有发展了。当月亮最圆的那一刻之后，它又开始缺了。事物也是这样，当你艰难地爬到珠穆朗玛峰顶之后，连再向上迈出一步都不可能了，你只有再走下坡路回到出发地方。

有一位女子几次去向一位禅师诉说她的不幸，一说就是她自己是如何对丈夫好，而丈夫又是在许多小事上不体贴她，她现在下决心要和丈夫离婚。禅师听过几次之后，有一天等她坐下就给她一杯茶说："请你喝干了"。等她一口喝干，禅师又倒了一杯请她喝干。她犹豫了一下又把茶喝了。禅师第三次又是再倒一杯请她喝干。她看禅师不说话只让她喝茶，她喝干了茶想了一想，说声"我明白了"，起身就走出去不再回来。她明白了什么呢？就是我们在生活中要像喝茶一样，尽量把杯子喝空。如果你总是记住过去如何如何，像杯里的茶喝不完倒不空，你放不下那些已经过去的事，你怎么会在杯里有新的茶喝呢？怎么能高兴地对待未

茗香

来呢？这位女子从禅师的茶中悟到是自己放不开那些本该早就放弃的东西，一下子开朗起来。禅师对别人说：人不要追求圆满，应该追求圆融，和各方面取得相对的安宁才会快乐与成功。佛教常讲到"空"。其实，空就是有，而且是很大的有。许多烦恼都是自己把它抱得太紧反而累坏了自己。

人人都会念叨《心经》中的一句话："空即是色，色即是空。"佛经把世界上一切物质的东西都用一个"色"字代表，因为物质对人来说都是客观存在，你无法永远全部拥有，所以到头来还是你不存在了，物质还在那儿，它们对你来说还是空的。

呵！茶中有禅的理趣，它看不见摸不着，但就在一杯茶汤中，请你找找看。

从来佳人似佳茗

　　有人把美人比作花，也有把美人比为茶。典型的例子就是把苏东坡的两首诗各摘一句成为一联：欲把西湖比西子，从来佳茗似佳人。

　　采茶的农活不重，女人又心细手巧，古代就有民歌："白头老媪簪红花，黑头女娘三髻丫。背上儿眠上山去，采桑已闲当采茶。"自古至今，文人们从女人身上得来的激情与灵感创作出不少大著名篇，苏东坡才华横溢又一生坎坷，但他是在文学上第一个把佳茗与佳人并论的人。我们只要翻翻古人的诗词文赋，总觉得有女人的影子在里头。后来采茶发展到要求十五六岁的女孩采茶，要把鲜叶放在胸前，说这种"女儿茶"会带乳香，这就玄乎无聊起来。还有一种茶名叫"美人舌"，由来是台湾已故诗人洛夫有一次喝一种春茶。他说看到金黄色的茶汤盛在白色的小杯中，加上一股清香冲入不设防的鼻腔，使人立即产生惊艳的迷惘。等到茶汤入口，那水已不是原水，只感到嘴里衔着的是一件活生生的、有形的物体。开始是清香温热，继而是黏黏的滑润。徐徐通过喉咙后，再由丹田涌出一股既暧昧又确切存在的甜美。让他这个不相信茶也醉人的人竟醉在心灵上了。他把这种感觉抓住，并给这种茶取名"美人舌"，他说"贾宝玉初试云雨情，是一种形而下的情欲冲动。我的初试美人舌，则是一种形而上的感觉升华"。

　　对洛夫以诗人的激情说以上的感觉，虽没有苏东坡说得那么含蓄意会，也确实是好茶好水给人的一种难以抵御的体验和一种难以完全表达

品茶消闲

的情趣。但不管怎么说，我认为人比茶更重要、更可爱、更丰富，所以应该改为"从来佳人胜佳茗"。对洛夫这么说我不评论，只作为一个将茶比女人的例子。

中国现在的茶艺员绝大多数是年轻貌美十指纤纤的女子。然而今天的韩国茶礼、日本茶道很多都是中年或老年的妇女担任泡茶。他们觉得茶文化的内涵是深刻的，年轻的女孩子不谙世事，没有生活阅历，不可能在一次泡茶中传达出茶事的郑重。特别是日本茶道，二战之前是不准女子介入的，全部是由男人泡茶。

品茶是属于休闲的雅文化，大可不必有什么郑重严肃。随意而不随便，随缘而不随俗。所谓俗，不是当地风俗之俗，而是一种低俗之俗。女人也好，男人也罢，能从喝茶中感悟到什么来，就是有益的"吃茶趣"。

一杯水里的甘苦

茶味是人们最关心的。两千多年前中国的《诗经》中就记载了茶的味道:"谁谓荼苦,其甘如荠。"这个"荼"字就指的是茶。有书上说是陆羽把这个字减去一笔变为茶的,这没有根据,唐以后的石刻中往往荼与茶字混用。

茶有那么多味道,老祖宗只说它是苦。人类选择日常饮料的咖啡、可可竟全是带苦味的。苦中有回甘,苦中有芳香,吃苦能令人振奋,这就是哲理或上天的暗示吧。

色香味三者中以味最重要,用舌头感受味主观又客观。茶入口中你嫌淡、他说浓,各持一说这是主观;客观就是用舌头细辨。明代画家徐渭说:"茶入口先灌漱,须徐啜俟甘津潮舌,则得真味。"就是茶汤入口用舌头卷动汤花来让舌端、舌中、舌根分别尝出不同的味道。"清风衔向舌端生",由舌的尖端启动,舌中辨其浓淡轻重,然后"舌根遗味轻浮齿"。就是说舌根能确认这口茶的真味,并把甘芳的感受又全留在牙齿根上之后,方能对这种茶下一个结论。如果不信,你分别泡绿茶和乌龙茶或普洱茶,你就会明白以往忽略了自己的舌头的重要。当然,品味靠舌,更要靠经验积累。专业品茶师蒙上了眼睛也能靠舌头分辨出是什么茶,什么级别,制作时出现了什么毛病,甚至指出这是哪座山上多高的地方哪个季节采的茶。当年陆羽辨水,说这是天下第一泉,那是天下第二……他说得经现代仪器检验是大致没错,不就是全靠舌头的么。

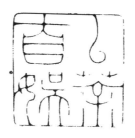

以茶自娱

茶味也不仅指物质，从茶味中也感到精神。例如一泡新芽龙井，那香甜滑润似西湖上的少女；那火焙的大红袍似八尺须眉伟丈夫；那陈放二三十年的碧螺春，一反昔日的带着一层茸毛的脸蛋，变成了黑黝黝的老太太，可那茶汤入口，却平和绵厚，几杯下肚就额上细汗蕴出，通体气脉通和……这像她在讲一个故事，岁月与悲欢就在你全身流淌。

茶味苦，有的地方就加上盐、橘皮、葱或姜。有的地方还加芝麻、核桃等等。陆羽不赞成这种喝法，他主张喝真正好茶的那种"啜苦咽甘"的真味。反过来说不少特殊地域为了保健，"北方茗饮无不有，盐酪椒姜夸满口"地加进不少东西，这也是应该的。苏东坡说："人生所遇无不可，南北嗜好知谁贤？"他的大度开明也许正是来自他人生中的"味道"。也是，人们的口味千差万别，怕辣的怕得要死；爱辣的爱得要命，谁管得谁呵！

"人品茶来茶品人"这七个字正反顺序读来都一样，也说明正有一个味字藏在背后。茶走味了可以丢掉，人走味了那就难说了。

一叶一芽中得到的当下宁静

禅的文化与其说是佛教中的一支不如说它是一种智慧的思维,一种对生活的独特观察方法。在中国的唐、宋时代禅风大盛,它对中国社会文化的影响一直延续到今天。因为它虽然植根于印度禅学,但融进了中国本土的老庄思想、魏晋玄学,还包括了儒学中的一些观点,使它全方位地渗透于人们的世界观、人生观、道德观和个人修养方式,开拓出独特的超越解脱的途径,这种禅不但易于接受还影响到许多东方国家。

据说圆悟克勤禅师曾提出"禅茶一味",之后,禅与茶便形影相随,并给了茶一种崇高的使命,就是由一片小小的茶叶,承载起了人的一种文明,并指导人们思考着生和死、心和色、思维与存在等根本问题。由此,一碗茶水就不再是一种生理需要的饮料了。中国的茶饮源自巴蜀,唐代之后成为比国之饮,这和当时的宗教氛围有很大的关系。我认为,茶就是禅的翅膀。因为茶的本性是冷静的、心索的、理智的。在一年四季变化的大自然中,成片的茶树永远是一片生机勃勃的绿,人们在一叶一芽中看到了希望,得到当下的宁静,这就是一种禅意。

茶像一根根悄无声息的血管流进了千家万户,串联起一个个彼此相亲的社会关系。现代社会的发展已经不是一千多年前。在以农耕为主的时代,人们还可以用棒喝顿悟的思辨方式开示,到今天的科技信息时代,"生活禅""人间禅"的提出,无疑是禅学的发展。其内涵是引导人们在尽责中求满足,在义务中求心安,在奉献中求幸福,在无我中求进取,将个人融入大众。那么,与人们生活必不可分的茶就是最佳的媒体之一,那是我们需要用心去体悟的。

水是茶之母。水是白的,白色既可视为完满俱足,又可视为空无所有。如果在一碗茶中,它与茶叶平分秋色,就像青山之巅飞过的白鹭予人以高洁远俗感,蓝天中几朵白云给人以悠闲恬静感,深色衣裙上的零碎白花或一缕白边又令人想到是活泼又是静穆。那么在一碗茶中的白水可不可以看作天地宇宙之气相,浸泡着我们一个个的人体呢?一碗茶中的你只是一片小小的茶叶,正因为有了你、我、他,我们才能在白色如也的水中浸泡出一碗韵味隽永的芳香。也因为如此,茶中贮满和平、安详、圆融,为什么人类要在一个地球上彼此争斗呢?

水是无垠的,茶叶是单个的。关爱人生,觉悟人生,奉献人生就是生活中的禅了。

器是茶之父。泥土与火电结合成最质朴的陶或瓷。捧在手上就像托起了大地所有元素。而我们人类生命短暂,躯体渺小,我们必要和手中的茶碗产生一种依恋的亲和力,不要只看成一件容易打碎或只能盛着茶水的容器。

唐代中国的赵州和尚说了"吃茶去"三字禅,成为一则至今难以破解的公案,我看了许多这方面的书,还要老实承认我看不懂。韩国釜山市已故的茶星崔圭用老师提出他的"吃茶来",并在山中刻了很大的石碑"吃茶来去碑",成为两国禅茶文化的交流纪念。但是去和来有什么区别吗?彼此的方位有了变化,去和来有什么影响喝茶的关系吗?对此,我也作了一偈:"赵州和尚吃茶去,韩国茶星吃茶来。茶碗圆团似明月,欲知西北即东南。"关于这个问题,原在赵县柏林寺、又在黄梅四祖寺的净慧禅师当我的面说:"吃茶去的去,不代表空间的转换,时间迁流,都是指当下的。可见当时吃茶风气很浓厚。至于说修行,它也不是空的,别人没法替代,是如人喝茶,甘苦自知。禅应该说是没有来去,也可以来去。但赵州和尚说的是吃茶去。"禅公案理解不能机械化强求一律,它关乎个人的悟性。

对茶中的文化内涵,包括禅与传统的美学思想探讨在 20 世纪的中国几乎是停滞的,直到最后的 20 年才渐渐在中国大陆复苏。才有了与韩国、日本茶团体的交流,才有一批热心的人重新去系统整理。尤其在禅茶一味的体悟实践方面,韩国与日本茶人要比中国目前的状况研究得深刻。禅也不限于佛教,道教、伊斯兰教、天主教、基督教都有禅的活动,只是名称不一。我们在生活中也不时存在着禅的思维,只是许多人不愿承认罢了。这不仅是历史原因,也是社会经济方面等多方面的原因。然而,中国是茶的母国,饮茶历史之久远,茶树品种之众多,各民族茶俗之丰富,是世界其他产茶国无法比拟的,中国的茶人正在努力。

文士与僧侣的密切切入并彼此影响是魏晋以来就形成的风气传统。高僧作诗,名士逃禅,僧侣世俗化与士大夫文人僧侣化的风气世代相袭。僧侣以诗悟禅和文士以禅入诗,往往意味着自身人格形象的完善。自晋到宋代,王羲之、陶渊明、谢灵运、李白、杜甫、王维、白居易、苏东坡、陆游等大名家无不受益于禅宗,也无不爱茶。

清风拂过松枝和漫野的竹梢,泉溪水流自由地在乱石上跳跃,茶炉里的红炭与茶烟升腾起暖和的舞蹈。茶香则把人的思绪引向空灵的悠远,这便是禅意了。如是在茶亭中行茶,那么竹勺的舀水声、瓦釜中水的鸣唱、花瓶中寓意诚挚的插花和洁净优美的茶具、空气中弥漫着的茶香或檀香的气息,把眼、耳、口、鼻的观感集中在一起,这就是在浮躁城市中的一方净土,一片禅境的空间。人们用心去构造一切,用心去品味这一切,就压缩了与历史时空的距离,超脱于尘寰喧嚣于一刻,让我们的身心冷静又睿智地思考过去未来,得到的是自信与振奋。

请你审视一下泡过的茶叶吧。宛若人生结束它奉献出一切,让别人健康、愉悦、向上，茶叶在茶的世界里无碍地涅槃圆寂了。

中国本土道家中的"无"与外来又经融会了佛家的"空"，两种观念的交流、最完美、最高境界。然而它又是"无"与"空"的。在禅家看来，"静"与"清"这两个字是可以作为表达的。韩国把禅与茶高度概括为"清和礼乐"；日本把禅与茶归为"和敬清寂"，四个字就反映了茶道精神中的审美内涵。道家的"清静自在"，佛家的"般若清静"，儒家的"清心寡欲"，清的审美意识和"无"与"空"一样丰富。深奥的玄谈称"清谈"：论人的气质品格是"清者贵、浊者下"；还有"木清则仁、火清则礼、金清则义、水清则智、土清则思"。作为茶，集五清为一身，在茶室中与清新的音乐，清气的书画，清净的茶道具，清而礼的言谈都达到养心务必先清心的环境要求，无论茶室内外，都在茶中修心，在修心中喝茶，因为社会存在决定人的思想意识。眼下，原本东方民族主导的人文科学，西方民族重自然科学的大区域已被现代的通讯传播手段瓦解，人们在多元的文化中失去了精神的信仰支撑和心理平衡。因此，世界上越来越多的人爱上了东方的茶，这虽是一碗由茶叶浸泡出来的汤水，然而它又是一杯容纳了东方文化精髓的，已不是一杯有固定价值的解渴的饮料了。当我们以清醒的思维去净滤这杯茶汤的时候，它就像一口贮满了禅思的深井，清而不浮，静而不滞，淡而不薄，能汲取多少，全在个人。

茶把它的根细细密密地扎根于大地，吸收着天地日月的精华，它的本身就是美德：它再经过各种加工在淡而无味的水中复活奉献，这是一种可观可触的轮回。其实，一个人就是一片茶叶。人生下来就分分秒秒在变化，只是这一过程一个人要六七十年、一百年，不易很快察觉而已。茶中的美就是我们身边时时刻刻的"当下"。体会并发现禅的意境，禅的精神，体悟到思维的乐趣和心底的收获，得到会心的一笑，那就是茶汤中的美与禅了。

每个人都是一片茶叶

    1992 年在佛山的一次国际会议上,不知怎么中外茶人为了"什么是茶人"的问题争了起来。我正巧有事离开了一会儿听不到各方观点,当我回到会场时有人就指定我发表意见。我说:"你们说了什么我没听见,我想茶人就该像茶一样终生奉酬。我愿意做一片茶叶而不看重什么称呼。"岂料,这个观点,不但被许多人认可,在此后的会议中,日本的茶人见到我就竖起一根食指致意,表示做一片茶叶;韩国的茶刊用《对一片茶叶的采访》为题发表了对我的访谈实录。"我是一片茶叶"的话不胫而走,传得很广,我想以茶叶的精神为人做事不限于茶人,奉献的精神是每个人都应该有的。每个人都是一片茶叶,溶化于社会这个杯子中,才有了共同的芬芳,这就是平等与和谐。

    春茶一露芽就奉献了自己。夏茶秋茶因季节不同也都在奉献着。在国外一些不产茶的国家,不分季节地在提炼着茶的特殊成分制成药品,制成添加剂投入到印染、化工、皮革等工业中,我在日本静冈参观了世界茶博览会,那里的女性内衣和婴儿用品没有茶的成分不准入市。我国有不少湖泊,鱼民把枯死或更新的老茶树用绳索穿起抛入水中。给那些浮游的虾群有了栖息的场所。而渔民们提起一棵茶树一摇,虾儿落入舱中给了渔民一碗饭吃。茶就是这样把骸骨也无私地彻底地奉献了。

    我们把茶称为"国饮",但还没有发挥了茶的作用。饮者取其芽,其余的就不要了。有外国朋友对我说:"你们把茶芽炒一下,营养损失 25%;

开水泡一下，又损失 25％；喝了几口倒掉了，再损失 25％，你们从茶身上只得到 25％的价值，那是你们国家大，茶多，浪费得起啊！"听到这种话真不是滋味，这也说明产茶大国和大省不设法走茶产业化的路是浪费资源，对不起茶农。

"人生最是茶缘好，醒醉香淡各任时。"这句子是写赠 2013 年来访的一位美国爱茶人的。在数次共 6 个多小时的交谈中，他说他爱上了茶不如说是爱上了中华的传统文化。他走过世界上一百多个国家，觉得世界上充满着多种多样的冲突，可是又看到世界的人越来越多地爱喝茶，他觉得茶浓缩了世界人民一种对和平向往的感情。他也走遍了大半个中国，也把中国的茶生活与邻近的日本、韩国作了坦诚的比较。他是摄影家，要回国办展览，出一本名为《茶魂》的中、英文本大型画册，来反映茶的世界，反映中国传统茶文化与中国人智慧的精髓，以及茶对人类的贡献。

面对这位名叫路德·马修的美国人说他爱茶若痴时，便会不分民族肤色和语言上的差异而一下子变得亲近起来，这也许就是茶缘吧。茶缘是不讲长幼、男女、尊卑的，茶人应该像茶那样，至清、至柔。否则便是装腔作势，便是弄权霸道。

人是自然界阴阳造化的产物。人们的生存也遵循和适应自然来顺应平衡而不被自然惩罚。如此，人的心性自然和谦柔，茶的文化精神也在指导着人的生活准则。茶又是通过水进入人体的，水利万物而不争，茶利万人而不犯。人醉入其间，每一滴水都是对自己的注解。能在自然及社会的种种是非、善恶、美丑、得失的漩涡中，像陆羽那样白眼对权贵，赤心对平民，宣扬茶的本性，让一切真正爱茶人在生机盎然的一时一芽中享受人生的快乐。当我们深入幽谷茶丛的时刻，闻到一股激动人心的气息，仿佛听到它们充满爱的呢喃；看到叶柄与一粒叶芽间还噙着晶亮的露珠，孕育着让人们一生咀嚼不尽的回甘，人们真应该向它们弯腰行礼,向茶学习宁愿自己忍受苦涩,也保持着一份沉默的奉献。

　　茶可以进入宁静高雅的殿堂,可以进入喧闹纷杂的酒肆。茶或被至爱品味入心,或被任意泼洒于地,它都在颂之毋喜、辱之无怨的心态中,浮沉沧浪醒醉香淡由人。它站在自然造化宽容万物的精神高度上性柔守中。这种适应万物的潜质潜能,正是人类应该学习的。

　　一片茶叶一个人,一片茶叶一片芳香。虽不能对世界和所在的社会产生多大的影响;如果每个人都能一叶入魂,那么这个世界、这个社会就一定会变得更美好。一个外国人都懂这个道理并身体力行,他的签名式也像一片茶叶。他不是在人间记录着瞬息陶醉的光影,他追求在不自然中的自然,冷静又艰难地捕捉世界不同爱茶人的茶魂。一个人只要茶魂安稳,任它皱纹满面、白发飘零,那种精神气韵就是永驻的青春。

醉与醒之间的你

　　酒令人醉，茶使人醒。生活中常见酒后拔拳相向，却不见茶喝多了说胡话的例子。然而，谁又离得开酒与茶呢？

　　最早的酒是一种带酸味的水浆，用了曲以后才含有了酒精。茶是从药用转为饮料的，本质上没有变化，只是饮用方法不断改进，内涵不断加深而已。

　　自古至今人们都用酒助兴。酒像一艘船，能把兴奋与愉悦输送到人体的每一根血管和每一个角落，微量小酌乐在微醺，令人安适惬意。人们又利用酒的这种特性制成保健药酒，因其性烈而猛，可速战速决；更多的时间，人们则以茶待客。茶其性香甘平和，提神醒脑，让"礼"与"和"字深入心灵深处，使之绵长恒久。古往今来，许多悲欢离合的故事中都有酒和茶的催化媒介作用：景阳冈下不卖酒，武松打不了老虎；陆放翁如无茶助文思，不会成为我国文学宝库中作品最多的诗人。

　　酒醉人，茶也醉人。酒醉之后智力锐减，暴力上升，能做出常人做不出的事；以茶醉人，是进入了一种文化的境界，思维会超越世俗的羁绊。大诗人李白在吟罢"但愿常醉不常醒"的诗句后，也称茶是"还童振枯扶人寿"。杜甫恋酒终生，忧国忧民，但也爱茶及茶具。他吟道："茗饮蔗浆携所有，瓷罂无谢玉为缸。"至于白居易、苏东坡之对酒与茶，已分不出究竟钟情于谁了。这些都反映了古代文人精神世界的一个侧面。当时，文人、处士的唯一愿望就是读书、考试、做官。一时做不了官的就去当个隐

苏东坡煮茗图

士,标榜清高,实在是高价待沽,希望有人举荐。李白一生都在入世、出世的矛盾中醉醉醒醒,在亢奋与颓废中宣泄自己的情感,游荡在茶酒的醒与醉之间,并终其一生。李白如此,陆羽也一样,嘴上讲"不羡朝入省,不羡暮登台",但他一生始终以一个做不了官的知识分子身份,给当官的做个幕僚或编写些文史材料来赢得一个遗憾的"处士"名义,在志书上编入了"隐逸"一类。古代的这种文人情结,像基因遗传一样多多少少也会在今天人们希望的兴奋与失望的沮丧周而复始地显现。你冷静地观察一下周围,客观地审问一下自己,难道不是这样的吗?

古人曾写过一篇酒与茶舌战争胜负的《茶酒论》,最后由水出来打圆场说:"没有我,你们算老几?"原来水在酒茶之上。没有好的水,酿不出好酒,泡不出好茶。

酒与茶是一对性格、相貌、味道截然相反的孪生兄弟。对人,一个施的是少林拳脚,一个用的是太极绵功。人们都乐意和他们亲近,又保持一段距离,问题在于知其性而善用其道,这对任何一个人的健康成长都是有益的。常言道:"物无美恶,过必成灾",不知君信否?

仿佛置身世外皆因一杯茶

当把开水冲进玻璃杯中的时候,那杯底干皱的茶叶就像我的心情那样慢慢舒展又活跃起来。

当年,我也是一粒嫩芽,朝气蓬勃又不知天高地厚。如今鬓发已白,岁月压缩了我的身躯。可是,可是此刻觉得自己的心像这些茶叶,依然保有一种挺拔和不甘沮丧的姿态。而且,而且有一股清新的香味,像江南阡陌中的春苗,像陕北黄土地的秋熟。

爱上茶,却发觉人们的喝茶方法也是不同的:细瓷茶盅是抿着品的,紫砂工夫茶盅是仰脖往嘴里倒的,入口之后再以舌和口腔鼓浪品味;干渴的人抄起瓦壶是往肚里灌的,大碗凉茶是咕咕咚咚直落到肚的;老头们抓着茶壶是在呷的,只有拿茶杯时才是喝的。最近朋友送来一种不锈钢制的阿根廷茶具和茶叶,盛茶的器皿非罐非杯,有点像微型的泡菜瓮。内壁怕拿着烫手,镶了一层木头,还斜插着一根细柄长匙,上有古怪的黄铜装饰,勺的顶端还有不少细孔,不知该怎么用。打电话一问,才知柄是中空的,有细孔是免得把茶末吸进嘴,那是吸着用的茶具。还听说有个地方拿茶注进浅碟用舌来舔的,我觉得不可信。但我想试一下吸的方法时,顿觉茶汤的醇美一经"中介导向"味就变了。因为茶汤入口时不在舌尖却在舌根,那是舌头上味蕾的集中地,吸着只将茶聚于口腔,怎么能感受到茶的芳香呢?一对比就觉得中国人喝茶时调动了眼鼻舌口的作用最为正确,不仅享受到茶给人的愉悦,又衍化出种种合情合理的茶文化。

品味清清茶香

贵阳黔灵山每天人山人海。偌大的自然公园人在其中如一小群蚂蚁。但如果没有了茶室,景致再美,也缺乏了与自然的联系。在山顶的弘福寺边古松下,看猴群嬉戏,听古松上的风声和泉眼中几声水滴的溅动,特别是那一记古钟的悠扬让自己仿佛置身世外,这都缘于手上有一杯茶。杜甫说:"水流心不竞,云在意俱迟。"在这里观景,平平淡淡地安心喝自己的心境。茶香宛如一缕丝线,串连着你、我、他。

　　茶叶在不断的冲泡中翻滚、释放、淡化。面对一撮苍白无力又坦然的茶渣,我把它们倒掉,就像有一天被倒掉的是自己。此时,我丝毫没有感叹和失落悲哀。因为这是自然的一种规律。古人叫做"天人合一",时尚称为"返璞归真",术语谓之"无私奉献"。

那一种稍纵即逝的感觉

不知什么时候爱上了茶，许是醇爽又澄明的绿色或金色的茶水，让人想到自己国内海外屐痕处处；或是抿了一口便忘不了齿颊的甘芳和难以言传的韵味；更可能是脆弱的神经和心弦相撞，在摊开稿纸之前，就先沏上一杯茶来导入角色。后来，茶喝多了，也就多了一个心眼去暗暗比较各种茶的禀性、特点，去捕捉那一种稍纵即逝的感觉。对茶难分难舍的情结，像年轻时听到恋人名字时的激动，似饥饿年代闻到一缕饭香时的渴望。

当时光的利箭在我脸上刻画出许多褶皱的今天，有时为了犒劳自己的终日奔波，便独坐小院，沏清茶一盏听树梢碎语，草虫呢喃。忘形之处，也禁不住会吟起"两腋习习清风生，乘此清风欲归去"的句子一效古人。

旅途在外，瓦屋前，山灶后，田头阡陌，小镇茶廊，随缘坐定。从行囊中掏出一把小壶，抖开一撮珍藏的幽香，冲上开水双手捧定轻轻摩挲，像搂住了思念中的孙儿，茶未进口已香暖心胸。如果是夜晚的灯下，面对斑驳的泥壁，看上面烟熏雨漏的痕迹，仿佛这似重峦叠嶂，那是云水飞融，神游天外，心旷神怡，仿佛入定一般劳累尽消。待茶书看得多了，便知茶名多如满天星斗，光一个"龙井"就产十六处，即便正宗珍品，仍需分个"狮、龙、云、虎、梅"五地。同是苏州的碧螺春，春分节气前的才是那种毛茸茸、蜷曲似螺乍醒还睡的惺忪样子；过了春分采的就叫较粗糙的炒青了；谷雨以后的叫"碧脚"，汁浓略苦，是老茶客爱的那种世事沧桑味道，味道中也溶进了自己，识茶如识人呵。

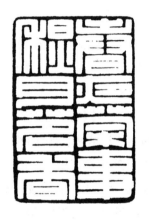

春夜茶事 秋月茗香

一生都在火与水相煎之下的茶,把纤密的根深扎在生于斯、长于斯的土地上,汲取当地土地和日月精华,从幼芽开始就劳其一生利于他人而不悔。生活多彩,每个人犹如不同的茶叶,同在一个容器中被时代的激流冲撞翻滚。壶中乾坤大,杯里风浪多,茶的浓淡之间,如世态炎凉的变化。创事业、做学问,不妨一月中有一日对墙独坐,茗壶在手浇灭心中浮躁,让平常心坦然而生。此时,笑骂由人,虚幻实为富有;宠辱不惊,无味实乃至味。

茶字是由草、木、人三者共存而成,顺应了天人合一的传统思想,融合了人与自然本应有的生存环境。

酒烈茶淡。当初孔子请教老子什么叫做道?老子不作声,只张张嘴伸伸舌。孔子大悟,因为坚牙利齿落光了,柔软的舌头还在。这种柔可克刚的比喻,道出了物欲至极会令人寿短,顺应自然可以延年的道理。静水流深一部《茶经》,让人类研究千年;一盏清茶,让你我品味一生。

人生如戏 玩成个潇洒出尘的人

哲人说：世界大舞台，人生如戏。

嬉戏、戏耍就是玩。在这个舞台上我已生活了八十多年，生旦净末丑，我是哪个角色呢？从 20 世纪 30 年代初至 70 年代后，伴随我童年到壮年的是当流浪的难民、饥民、参军，不断的政治斗争和运动，根本没有机会读什么书。如果以演戏来譬喻，我没有老生的稳重、小生的风流；既不属于旦角扭扭捏捏，也不似唱大花脸的净角性格，更不会当一个点头哈腰丢失人格唯命是从的末角。那剩下的只有一个丑角了。

戏台上演丑角虽排行最低却地位最高，例如化装之后的演员绝不能坐在放袍服的戏箱上，唯有演丑角的可以随便坐，因为唐玄宗他是演丑角的，至今戏剧界尊他为祖师爷。在国外，杂技马戏团的团长大都由丑角担任，因为所有的高难度动作，都要在滑稽又漫不经心的表演中完成，当中还要插科打诨引人轻松发笑，可见功夫了得。人们在旅游中仰视孤仍奇峰，俯察石形纹理，苏东坡说石以丑为美，怪石树桩是愈丑愈好，所以演好丑角是不那么容易的。我不会演丑角，只是我对感兴趣的都抱着玩一下的态度：例如参军后住山东农村，每逢假日就揣上两个冷馒头走三里地到曲阜师范去学画素描；在朝鲜参战的背包里最重的是几大本速写本子。1953 年回国后就漫画、油画、木刻、国画都试试。幸好会画画，"文化大革命"中不去打打杀杀，躲到印染厂靠设计花布、丝绸的图案领

工资。那阵子，要是在街上看见我的花布穿在别人身上，就别提多好玩了。画的东西多了，作品参加全国性美展，有人就叫我"画家"。

告别了"弄文罹文网"的恐怖岁月，47岁时有感于文学可以充分宣泄心中所想就玩起了文学，在第一篇小说就获省级刊物发表并获奖的鼓舞下，二十年来发表了几十万字的小说，散文、论文获得全国性的正式文学奖项，就变得一发不可收，有人就叫我"作家"。画画、作文都要提神，我不会烟酒只爱喝茶。特别社会形势彻底否定了与天、与地、与人斗争残害人性的"斗争哲学"，我又根据湖州是古代茶区，陆羽又在湖州先后住了四十多年，定稿了《茶经》的文化优势玩起了茶的文化。想不到的是快60岁的人一玩起来就歪打正着、顺应潮流。"柴米油盐酱醋茶""琴棋书画诗曲茶"，物质与精神都需要茶。我一迈入茶的文化领域就觉得我以前所有的爱好无不与茶有关。尽管我从来不属于任何宗教和政治团体，但对茶却产生了一种从未有过的宗教情感似的，在茶中找到了人生的定位，并有可能、有机会把几十年中用心用力追求的知识技能为弘扬中华茶的文化，弘扬传统的中华文化精神服务。就是以茶为中心轴，把学茶、写茶、画茶、制茶具、研究现存或发掘湮没的茶史遗迹等等，作为向四方辐射的辐条、作为一个轮子，一滚一玩就滚到了许多省市和国外去了。这样又有人叫我"学者""专家""杂家""社会活动家"。

种种称呼是社会生活中免不了的礼貌、应酬。我心里清楚的是如果人家叫你这个"家"那个"家"，到头来每个人都能成为"老人家"才是最最真实的。既然是人生如戏，时间短促又变化莫测，还是把自己当成茶园中的一片茶叶好。许多形、色、味、质不一样的叶片泡在一个杯子里就是我们这个社会，何必为了一点私利去陷害攻击别人呢，有几片被虫蛀腐了的叶片混迹其中并不影响茶的整体芳香呀。你用心去品味这个社会，品味人生。茶的冷静思索理智可以让我们容易分辨真伪、美丑，在一旁看清楚他们扮演的角色，也实在是人生中好玩的事。

干什么事都要有种敬业精神才行行出状元。玩出名堂来也是体现人生价值。这三十多年里我四处遨游，没痛没病地访茶问道学习，别人说我是闲云野鹤潇洒自由，我体会是世人皆同此心。我只是晚年才逢上国家社会的大变化，允许我因茶得乐而已。古训有"仰不愧天，俯不愧人，内不愧心"一句。我一介草民且作"玩茶歌"自嘲：

　　　　六十年前被人玩
　　　　花甲之后自己玩
　　　　想要玩处常玩命
　　　　玩出名堂更好玩
　　　　玩里学问玩不完
　　　　玩了才知不会玩
　　　　待到有日玩不动
　　　　许多玩处让人玩

拿起或放下　能否承担一杯茶的分量

2013 年 9 月,在参加了中、日、韩、马来西亚 4 国在重庆巴南区召开的国际禅茶学术论坛结束时,《茶道》杂志主笔陈勇光先生交给我一本书稿说:"拿去看看,能不能给我写几句话。"我接过书稿就登车去了机场,在飞机上读着读着,忘记了身在空中,只有一种浸润在茶汤中的沉醉。

勇光,像一粒"笋者上"的茶芽,饱满而秀气。我和他在国内外多次茶活动上会面,白天他忙采访,晚上他总会殷切招呼大家:"到我房间喝茶。有一款新的,来品尝一下……"他性格内敛,言语不多,声音不高,脸上总是荡漾着微笑。那镜片后的眼神,却有对茶鉴别的犀利严谨和对人们的和善。

"文如其人",读他的这本《茶悦——奇茗 40 品》的文稿就明白,他朴实的文笔与对茶、对茶人的喜爱或谦恭,品评或介绍,都很求实。他在《茶玄机》一文中说活了茶与李道长,让我们身置其中识茶闻香看环境,加上勇光写出自己的心态与感悟,提升了读者对茶对人的认知而融入其中,这和一些人惯用"'文革'笔法"写出空洞又概念化的东西,判若天地。又如他写《解读千两茶》把安化的黑茶演化娓娓道来,读者似是看得见摸得着有数据地跟在他身后连细枝末节都了然于心,绝不用干枯的口号式的笼统带过。茶人是为他人着想的人,勇光的细腻和对读者着想的诚挚表现在他的《茶气具足老六堡》中说茶气;《夜品甘露》说茶香给予的快乐与悠思;《独饮雪山前》写茶汤如蜜似酒对心灵的冲击力……勇光写出细腻的柔情、真实的茶韵,实质是在写他的心、写艺、写道、写与茶相关的生活,写活了"一响欢娱,更似多年尘梦……只见黄花仍旧盛于枝头"的情愫。这是一个茶人的茶悦,更是真正茶人的一种境界,我们跟着他心驰天外。

倒来倒去也是茶道。人的一生不是一刻不停地被客观的人或事、自然或环境在"倒"着的吗?否则人生如茶,品味人生,又如何解释?

喝茶动作把茶杯拿起放下也是茶艺。只是许多人拿得起、放不下;有的明明拿不起,偏偏装成了不起。欲念太重活得很累不掌握生活张弛节奏的艺术,不体悟生活中禅的欢喜,谁谓茶苦,其甘如饴的快乐能享受到吗?

茶是应该回到自然与俭朴的。茶的文化研究不是玄、繁、馋。文化不是在于用文字来说别人听不懂的话,用虚张声势来吓唬人,而是在最细微的地方与人生存的土地与心态产生的共鸣上。情感不屈从于金钱地位年龄头衔,三支秃笔五本书,一碗佳茗也富翁;半间茅屋似秋叶,但有佳茗不算贫。读勇光写的这本书就觉得他对茶的痴爱和对茶的那种情感,他在写茶的同时也写了他自己。

勇光用茶心和我们交流,带着茶香和我们一起飞翔。

空不妨色　妙不废身

　　一家饮茶会所，免费招待同好者来品茶谈心。主人有志趣，有品味，还有经济实力。反映出白领们"独乐不如众乐"兴趣的多元和饮茶生活的又一次提升。

　　会所名为"妙喜缘"。因崇唐湖州妙喜寺住持、"茶道"一词的首创者皎然而命名。皎然与时任湖州刺史颜真卿交谊甚笃。颜真卿邀江东文士在妙喜寺编纂完成了中国第一部音韵辞典《韵海镜源》；又对当时流寓湖州的陆羽生活关怀有加，让他得以完成包括《茶经》在内的一些文稿；皎然自己则完成了诗歌理论的《诗式》及创作了大量诗歌。他去世不久，湖州刺史于頔就奉集贤殿御书院之命，在贞元八年（792）编集完成十卷共 546 首诗的《皎然集》。至今，中国茶学界研究陆羽时，总离不开皎然。"妙喜缘"主人能追随妙喜佛国与皎然的茶道，实在是缘之所至，禅意充盈。她还要我为素壁补墨，我就题写了皎然的诗句："空何妨色在，妙岂废身存。"我认为皎然早就有了对辩证理论的认识。

　　禅是宇宙间的客观存在。禅由释迦牟尼发现而并非由他创造。禅在生活的空间无处不在，释迦牟尼加以运用来阐解他的教义，禅就是一种哲学。僧人坐禅不仅是思悟佛祖释迦牟尼，也包括佛祖头上那更无垠的天空宇宙，是一种智慧的思维。也因为各人对禅悟的深度角度不同，中国就有了自始祖至六祖的各派禅宗。空是精神，色是物质。似乎人人都能朗朗上口的"空即是色，色即是空"，要深问究竟如何解释"即是"，往往就言不及义,不甚了了。有的还以此画上个等号,为自己的行为去遮风挡雨辩解施迷。而皎然既不讲空与色的对立,也不说空色等同,而是从中强调不应该放弃每个人自性、自心的存在。他似乎在说:"你不是说四大皆空吗? 你自己不就是个实实在在的物质吗?"你不是说世界一切都是妙有美好的吗? 那么你个人的性情、爱好、认识也都不存在了吗? 哎呀呀,说空的时候不妨有你的身体在;说妙的时候,也不能废掉你的性情呵! 他的这种唯物的世界观不就是我们今天这个生活多彩的现实吗。如果提倡人人都说千篇一律的套话空话,我们还能发展创造吗? 如果把每个人都变成像一个个的死木偶,那还会有任何的文学艺术创作吗? 皎然在千把年前就提出了一个"活"字,鲜活的人就应该有在一个大的环境原则下,有各自鲜活的面目、个性、语言、情趣,并加以充分的展示。这样,所谓的缘,才能自由地在其中穿行相结,人们就能在一块儿喝茶,感受共同的和谐与圆融。

茶至洁,本质和。改革开放后,茶文化活动复苏并迅速发展,其背景正是对十年"文化大革命"斗争哲学的反思。但以为通过喝茶就能使纷争多变的世界没有了战争、杀戮、欺诈与腐败,那简直是痴人说梦。进酒楼上茶馆,酒与茶的媒介作用完全一样的同时,喝酒品茶的每个人和目的又是千差万别。酒和茶都有各自的个性特点,也是空里有色,妙里有身,还加上你对它们的情感与偏爱。茶心之路是真走假走,还是装模作样地走,就在于你自己。结果是好是坏,也都不要去怪茶与酒。

大隐隐于市,喧闹闹中闲。皎然隐心不隐迹,不拒绝在红尘中迎来送往。他说:"乐禅心似荡,吾道不相妨。"他主张的闲不是心底的空虚懒散无所事事,而是以积极的态度对待世界,对待自己的"色"与"身"。让自己快乐每一天,就是茶生活中的妙喜禅缘了。

个人的修心养德和集体的相安和谐

在 2008 年武夷山国际禅茶大会上我作了一个发言，末了是以二则茶偈结束的：

> 合则聚，抵则避，少是非，吃茶去。
>
> 颂毋喜，谤无辩，平常心，茶中练。

会后许多人围上来要抄录，再后来发表了，来信索讨写成条幅册页的更多，听说在海外有人刻了碑。我写的这 24 个字的根子就是这几年先后在柏林禅寺和四祖寺所受的启悟。

近三年来，禅茶文化似乎已为一些茶的文化社团所用。记得在河北正定县的一次中外茶人座谈会上，天津的陈云君居士说："请几个和尚来泡的茶就叫禅茶，我泡的就不是禅茶吗？这些看起来很热闹，但连热也没有，只有一个闹字了。"最近读了《正觉》48 期宗舜写的《吃茶去的前世今生》一文，他说："禅茶不是用来喝的，禅茶是用来修的，是一种修行的范畴……并非像今天看到的：穿上海青、挂上念珠、结个手印、点上香、诵个咒、念个经，这就是禅茶——这连皮相没有得到，更不要论精髓。"还有台湾的一位在茶刊上用《茶是简单的禅》作题著文，那么，还有复杂的禅吗？确实，眼下形式空洞的东西太多，像放焰火五彩缤纷，可掉到地下的却找不见什么了。这些形式的禅茶活动不仅没有禅意,距陆羽事茶"精行俭德"的精神也很远。陆羽说茶从采、造、饮都讲究认真精到,把精到的方法推广开来,让大众享受就是行动,就是实践。我想这大约是中华56个无论产茶或不产茶的民族都沿袭以茶为礼,都把茶作为国饮的原因吧。因为茶就是植物的叶子,数量多又便宜,饮茶又不讲究奢华,瓜棚田角可以喝,华庭殿堂可以饮,只要礼到心在就可以,所以陆羽提出了一个俭字,它和当下讲豪华讲排场讲形式上的东西是相对的。他提倡饮茶的目的是为了一个德字,也就是个人的修心养德和集体的相安和谐。

对我们个人说,在这个世界上生活最难的是与人的相处,所谓难做人,人难做。因为每个人除性格以外,不同的经历、社会影响、志趣、目的乃至生活和工作习惯方法都不相同,碰撞与摩擦是时时发生的,也就会产生许许多多的烦恼,其中有的也可能是产生在自己身上的原因。那么怎么办呢?我想合得来就聚在一起,合不来有抵触就不作声响地避开,也不要在背后去诉说抱怨,目的是少是非。按赵州和尚说的"吃茶去"三个字,去冷静思考与观察,沉思解万谜,让时间来检验实践的是非结果。生活中,有的人在你面前说你好,或者故意为了一种目的来接近你,那么就"颂毋喜",你是避开是非圈子没什么其他目的,也没什么可以值得颂的;相反,有人攻击诽谤你,他也同样有不同的目的。他的一时表现,说不定几年后他知道自己错了,所以你听到不同的声音甚至谩骂,也没什么需要辩解的,沉默是金,相信众人心底的秤,相信时间的检验。永嘉大师(665—713)说"心与空相应,则讥毁赞誉,何忧何喜?"一旦自己心中了然没有挂碍,颂与谤都失去了价值。以这样的平常心态,一步步体悟到赵州"吃茶去"三字禅去打消妄念对待人生。"茶中练"说的就是三字禅中之茶,不是物质的茶。我给自己的家取名"淡茶斋",就是只要是茶,不论上万元一斤的还是老农在自己门前自采自炒的,在我嘴里都是一个味。我写过一篇《草帽茶》的文字被转载了好多报刊。虽然碗中没有真的茶叶，但那种奉茶的郑重礼仪和茶味却胜过被炫耀的多贵重多值钱的茶。日本把茶道解释为是茶心和心茶互相感应之路；韩国的禅茶文化活动在寺院和社会上非常普遍经常，也都是一种生活中朴实的修心里程活动。净慧大和尚提出当代禅学"生活禅"的理念也像土碗里泡的粗茶，喝进心里的那种茶味自然是不同的。

喝茶中的心境

　　下棋、饮酒、论剑……都分级别、段数，喝茶也讲究个心境、境界。都说品茶如品人生，近三十年来茶事复兴，名茶多如星汉；茶馆林立，说禅论道不休。然而冷静旁观喝茶生活也各不相同：

　　一、呼朋唤友上茶楼，谈山南海北，论官商走卒。或探进仕之道、投资途经、市场行情、玩乐之技……意不在茶香水淡，如放飞五彩气球，就是线断飞去也是畅快。

　　二、独坐茶室一隅，茶一杯、书数本、纸几页，默默看得入神，间或摘之抄之。趣味只徜徉于单人世界。至日落灯亮，方觉饥肠抗议正烈，起身时才知忘却喝下一口茶。

　　三、宾客列坐于前，主人开盒启封。口中喃喃介绍此茶之神秘，得来之不易，一撮之天价。恩赐之声、之容、之心情表露无遗。待众人尝罢散去，而对茶之特色，主宾均不言语也不知所云。

　　四、门铃叮咚，快件送到，远方茶友寄来稀见之茶。读罢附信，立即拨打电话给铁杆茶友报告喜讯，相约共品。诸人未见茶样，心中已是茶香缭绕，笑意各浮眼前，独乐乐不如众乐乐，茶乐如此。

　　五、似古人"半间茅屋似秋叶，但有佳茗不算贫"的坦淡飘逸。小憩时洁具煮水，伫立一旁候壶中水响，似螳螂捕蝉待最佳时刻提水冲泡。刮沫淋壶，啊！山野清香窜于壶外，倾出一盅轻啜些许于口中鼓动。此时，眼神迷离，身躯微动，额前微汗，已似清风起于及腋下。茶汤虽未下

咽,茶力茶气茶韵已足尽兴至神。

六、晨起一壶佳茗,几颗烘山芋。小坐南窗,听雨打芭蕉似吟诗。细细咀嚼间,品水?品香?品茶?昨日已去,今日方始,此时此刻是在品心;是非善恶已了然于胸,饮罢出门,振作精神再去风雨中拼搏……

七、世上饮料千百种,不及土碗一撮茶。地头田角,瓜棚檐下,粗茶粗碗粗人,谈的却是政策民生,扶贫帮困。几个村干部留下一地的烟头,却点燃了全村富裕的烟霞。你说,是茶?非茶?茶味之外的茶外茶?茶来自民间,喝好民间的茶,这才是土生土长的中国的茶。喝茶是讲茶境界与心境,千奇百怪各人各爱。中国多民族、多茶种、多茶俗、多饮法,是世界上独一的。茶占据了物质与精神的两个方面,引领一种不可一日无茶的"茶至俭"的喝茶精神,彼此努力,种茶、制茶、销茶、喝茶,弘扬民族道德才是中国最大的茶的文化。

茶与石头会告诉我们什么

　　中国饮茶与赏石的历史一样的悠久。炎帝尝百草发现了茶,女娲炼石补天为人类消灾止害,都同时发生于远古洪荒的时代。如以文化核心论,茶道是品心,石道是赏心。人们通过品与赏,感悟到自然与人和人与人之间的圆融同出一脉。只是当年多数人难以温饱的时代,喝几口粗茶不足为奇,要是捧块石头赏玩就被看作精神有病了。《阙子》一书中就记"愚人得燕石于桓台之东,归而藏之,以为大宝"的事加以嘲笑。可是早在《诗经》中记载了石头的美:"扬之水,白石凿凿;扬之水,白石皓皓……"一部令今人研究不完的《石头记》(《红楼梦》原名),说来说去全是缘于一块石头。

　　中国的茶与石文化都是从宋代传入日本的。日本有名的"残雪""初雁"及冠以传承石的"松山之末"都是源出于中国江浙。茶道中僧人常用的"茶怀石"就是小碗大的一块鹅卵石。既然茶与石都传承着文化,从某些方面说,似乎只要会喝茶的都可参加茶文化社团依官衔排个座次虚荣一番;可是要参加石文化的活动就要分出属哪一级的水平才能有参加资格和专业的级别。一级:仅仅对石头有收藏兴趣,只会讲这块像只猴,那块像只鸟,识形为主;二级:讲得出某一石头的美在哪里,与自然的完整性又是什么;三级:能以道德的角度审视奇石的意境,从外形触到内里;四级:以石悟心,开始改变了自心对外界的观察认识方法和应对态度;五级:以石悟道,从单纯的爱好上升到哲学阶段,从石头的各个方面悟出人与自然的感应关系。

茶与石头都不会说话，但都崇尚自然幽趣和内涵，能与人互补共融。

"黄金有价石无价""石不能言最可人""情到深处石有语"，许多人能把千万年沉于江底的石头配上底座供养在厅堂几案上。能人石共语，物我相忘才是一种文化传统、哲理的表现。有人称石为"顽石"，换一个位置，说不定石头在笑我们中的一些人只会牙牙学语，不会自己独立思维，才是真的"顽石"呢。

唐代陆羽写《茶经》，人称茶圣，他说最好的茶是生在烂石上。茶的亚圣是唐代卢仝，他的《七碗茶歌》比陆羽写出了文化的层面。卢仝写《客赠石》《石请客》等歌颂石头的诗很多，可见在唐代就有了赏石之风。宰相李德裕家有石千余方，说"名山何必去，此处有群峰"；诗圣杜甫被称为中华"民间第一藏石人"，他有一方"小祝融"的石头，仿佛是南岳衡山的缩小。诗人白居易写的《太湖石记》《咏石》等四篇以上的石文章也是石头文化的重要文献。宋代杜绾写出我国第一部赏石专著《云林石谱》；在湖州当过半年官的米芾第一个总结了太湖石"皱瘦漏透"的鉴赏标准；五次到过湖州的风流太守苏东坡，不但对茶第一个写下"从来佳茗似佳人"的隽语，而且藏奇石三百余方说"五岭莫愁千嶂外，百金归卖碧玲珑"，并提出了"石以丑为美"的美学观，写了《怪石供》《后怪石供》等名篇。宋徽宗赵佶政治无能，玩石与书画有道，是唯一以皇帝身份写茶文章《大观茶论》，搞艮岳花石纲的举动引发了农民起义和引出文学巨著《水浒传》。虽然他最终被囚死于他乡，但他搜罗的《冠云峰》《玉玲珑》《绉云峰》三座花石纲遗物太湖石，今都属国宝级的观赏石，分别放在上海、苏州、杭州。在湖州写下《常照寺记》的南宋诗人陆游说"吾家旧藏奇石甚富……，独留道石尚置几案间"，并为这方道石写了三首诗，其中有"小试壶公缩地术，数峰闲对道州山"，并提出"石不能言最可人"的人石通心观点。

元代湖州赵孟頫故居莲花庄中尚存莲花峰。明代朱元璋虽出身低微但爱石头，生病时要把田黄石堆在身边。他儿子朱权写了《茶谱》，他孙子朱允汶用雨花石拼成文字为祖父祝六十大寿。清代乾隆下江南，搬走了前人搬不动的"青芝岫"和"青莲朵"，现都陈列在北京。1999年举办"中国观赏石展"上还展示乾隆喜爱的四枚雨花石呢。清代曹雪芹、蒲松龄和郑板桥等人写石画石的造诣是后人难望其项背的。现代毛泽东写石气魄更大，不但想拿刀把昆仑山断分三截，又从根子上说："人猿相揖别，只几个石头磨过，小儿时节。"把世界亿万年的进展比作似小孩玩石头似的一闪而过。是啊，人类的发展就是对石头的运用认识上，从古老的石斧到今天的宏伟建筑，以及小的宝石、钻戒、玉器，哪一件不就是石头。

文化活动是提高人们的素质与修养。茶有茶德，石也有石德，有人以"坚、贞、义、纯、灵、雅、隐"七个字来表示刚强、气质，不随波逐流，正气朴实，不轻浮不可辱和谦恭。在赏石上提出"十经"，即：为仁、益智、励志、怡情、养性、寻趣、交友、弘文、健身、悟道。

那么，就让我们认识、了解、追求石与茶的文化中多一份文化内涵吧。

东方的茶与西方的咖啡

　　承几位青年男女不弃,他们相约喝咖啡时约了我。倒不是受宠若惊,在乎说明他们与我还有共同语言,也让我有学习年轻人的机会。否则,话不投机如坐蜡,花钱请你干啥。

　　时尚宛如冲击波,永远以叛逆的个性傲视眼前,可以打造未来。你看,大小的火锅店炉火未熄茶艺馆又接二连三开坊;待到野兔笋宴香辣蟹退潮,一批咖啡屋又洋味十足地崛起。我习惯的清亮舞动的绿茶由一杯褐色的咖啡代替了。用小勺搅动一下轻啜入口,想到茶是东方,咖啡是西方,那黑褐色的正像巴西、秘鲁人的肤色。咖啡馆里的装潢不用木格窗、竹帘和穿着滚边对襟衣裙,带着玉翠手镯的女子,而是一种西方简洁流畅的陈设。女服务员胸前一只大蝴蝶结,把客人对应成一个绅士。茶馆里的茴香豆瓜子由炸薯条和番茄酱代劳了。瞧那边,对,靠窗口的那一对男女,正用眼神织造着热恋的情网;这边一对中年男女,女的对男的轻声发问却自顾搅动着小勺不予回答,间或抬望一眼,掠取垂下的头发,表示一个话题的转换信号;还有那边,几位学生模样的人抢着高谈阔论,桌上有厚薄不等的书、纸,戴眼镜的女子还让一支蓝色的笔在指间翻着跟斗,看来定是为了一场考试热身,为预祝好运来大方消费一番。邻桌,一位西装革履、头发稀疏、牙齿脱落的老人,正对着几位谦恭的学生,讲咖啡文化,好像他当年曾在异国他乡采摘过咖啡豆,他手中的小勺,舀起又倒入的动作,好像舀出了文学的咖啡、绘画音乐的咖啡和由咖啡浸泡出的苦涩又香甜的欧洲 18 世纪爱情与战争的故事……这里，有的是咖啡的情调。

我到过许多地方的茶馆，品味过和欣赏过不同的茶、茶具、茶馆的装潢。现在，我咀嚼着一片说不出是咸还是甜的"曲奇"饼干，听着身边的朋友谈论房子、衣服，说孩子读书、老公工作，谈昨晚做的一个什么样的梦，就像电影蒙太奇一样，扑朔迷离，头尾失序、淡进化出，谈兴始终是那么紧凑、热烈、兴奋，在不断地追寻、发问、感叹。如山涧急水汨汨淙淙，听着听着，我在想，茶与咖啡把世界一劈两半，它们不同的地方究竟在哪里呢?

一把银匙落地的声音犹如古寺中一记磬音令我有了参禅般的顿悟。我的所见所想所听，那便就是咖啡了。它与茶的区别，就在于它没有发乎神农氏，继于唐宋明清。再环顾四周，除了那位论咖啡文化的老者以外，就剩我一个老头了。而在茶馆里，却多的是脸上刻满岁月痕迹的人。他们捧定一把壶或一杯茶，话头大多是以往的故事。忆旧时，神情不减当年;论今朝，无奈夕阳在山。茶有年月可追溯，可不断续水浸泡饮罢寻味，咖啡是一杯就是一杯，有短暂的刺激与兴奋。所以很像青年们注重现实的心态。又好比青年人脱光了外衣，里头是一条裤衩或"三点"，而在臃肿的老人衣兜里，褶缝里，里层的小口袋里，还能倒腾出什么稀奇古怪的古董宝贝呢。

千百年来，开门七件事是"柴米油盐酱醋茶"。前面四个字是生活的基础，少了这四个字的支撑就没有办法去调动"酱醋"两字来提高生活质量，就没有五花八门的种种美味佳肴和一批烹饪大师和美食家的应运而生。而最后一个"茶"字，也只有在温饱、闲适的满足后，才按鲁迅的说法，与"清福"相提并论。实在是生活的一条尾巴，生活乐章的一声绝响。

好，话说到这份上，品茶与喝咖啡，任君所爱。抵挡不住时尚的诱惑，消费者尽兴，赚钱者自乐，咖啡屋里又同时卖茶更是"中国式"的创造，不啻为太平盛世的一道风景。

茶与咖啡，味道都好极了。

隔年陈香　别有滋味在心头

　　凡新茶陈放得法，10 至 20 年的称"陈茶"，20 年以上的称"老茶"，30 年以上的称"陈年老茶"，有天然糯米、蜜果和麝香味。

　　去深圳，在博韵轩茶艺馆发现林永俊先生有一批茶友热衷用老茶盅品陈茶，谓之"'陈'有独钟"。

　　陈茶者，非普洱茶专有，而是存放 15 至 30 年以上的龙井、碧螺春等绿茶及正山小种红茶、铁观音等岩茶。观汤色，绿茶也呈酽红；品茶味，柔绵甘醇。不仅一反"新茶陈酒"之论，且与新瓷杯相比，老茶盅之汤愈显厚重挂杯，令我倍感新奇。求教茶友，皆曰："陈香陈韵，好茶味。"询之主人林永俊先生，他竟是三代贮茶世家，所贮红白绿黄青茶都细心陈放经年，在当地颇有名望。原来，茶多酚氧化、缩合，茶汤中的收敛性和苦涩味降低，茶红素等与氨基酸合成新的香味，形成了陈茶色香味的特色，尤其是味觉醇和爽口。其次，氨基酸发生氧化、降解、转化，糖类、果胶、淀粉化合物中的多糖纤维素降解成碳水化合物和可溶性糖类，促使茶汤甜稠；再是茶叶本身的芳香物质经陈化后从数十种转化到几百种，新茶之清香转化为深沉细腻的陈香，因而更耐冲泡。

　　深圳这个品饮陈茶群体，大都是除品味之外，追求陈茶产生的微妙茶气。饮后各人反应不一，有后背发热、出轻汗的，有打嗝、排气的，有面颊头顶发热出微汗的，自感有通百窍、通便、解肠毒、全身舒畅等功能。其原理是陈年茶具有新茶所没有的内含物质稳定、小分子释放均衡、渗透

松下問童子言師採藥去祇在此山中雲深不知處

性好易被人体吸收的特点。闽广许多茶乡自古以来就知掏空柚子贮茶以治肠胃、感冒等病。李时珍《本草》上有许多以"陈"的物质入药,"陈"就是经物质氧化后的化学反应,改变了物质本性而有益于人体健康。清代有首《闽茶曲》唱道:

雨前虽好但嫌新,火气未除莫接唇。

藏得深红三倍价,家家卖弄隔年陈。

可见古人早已认识了陈年茶的药理保健作用。

看来,"新茶陈酒"之说不能一概而论。隆冬过去,品一碗雨前新茶,这味外之味便是品尝春天的一种感觉和兴奋。而品饮存放二三十年以上的陈茶,如面对睿智老者,品饮把谈间,语境平淡又回味深长,自有一番境界。茶焉?药焉?博韵轩学品陈茶数日,终稍通其理。

人们求新论奇自是常理。江浙一带素喜绿茶、红茶。二十多年前,乌龙茶入市,紧接普洱茶、白茶、黑茶掀起高潮,令好茶者如入山阴道中乍惊乍喜。然,一般茶艺表演已司空见惯;海内外各种茶品也一一品过,此时默默寻觅中,竟有专贮、专饮陈茶群体者,一反"新茶陈酒"的片面和误会,在茶界,又将是一番新景,实为国饮之幸。

普天之下众缘平等

自 20 世纪 80 年代末，我进入茶界之始，就把自己定位在"我是一片茶叶"的位置上。一壶一碗一杯的茶汤，是许许多多茶叶的共同奉献。每片条叶都是平等的，茶人们也没有民族、国界、男女、尊卑、长幼之分。鉴于此，我从一开始就注意把我接触到的世界各国茶人们，请他们留下题词或签名。二十多年来，我已经有了近 20 本签题的册子，满是文字、图画，各有千秋。他们是在和我一起喝茶的文学家、书画家和茶农、茶的企业家、茶艺师等等，人数在千人以上。每当有一位握笔在上面题写或作画时，我内心就充满了喜悦，觉得此时此刻正是"茶缘"所在。有的人胸有成竹，执笔一挥而就，有的人犹豫斟酌再三，下笔迟迟；有的更是百般婉谢说自己写不好字怕污了这本册页。但在我说明这只是一碗茶中的片片茶叶时，他们又释然而书，我也从他们的脸上仿佛得到共品一碗茶时的愉悦之心。

后来，我把其中 11 个国家以及我国港澳台地区 78 位茶人的签名，摹刻在一把高 17 公分的朱红泥龙胆式壶上，命名为世界茶缘壶。所刻位置视签名式样不分先后，不分高下，即便是不同文字也依原样照刻以体现各国茶人平等相处的精神和彼此的茶缘。

中国大陆题词的有：王家扬、陈彬藩、刘枫、宋少祥、吴甲选、文怀沙、王世襄、邬梦兆、韩金科、陈文华、余悦、陈云君、侯军、滕军等；台湾有蔡荣章、周渝、潘燕九、池宗宪等；香港有陈国义、叶惠民等；澳门有林志宏、

佛
教
南
傳

君壁

曾志挥、罗庆江、刘桦等；韩国有郑相九、崔圭用、朴权钦、李承源、崔锡焕、金宜正等；日本有千宗室、小川后乐、小笠原秀道、仓泽行洋、丹下明月、姊崎有峰等；法国有北歌等；新加坡有刘凯欣、李自强等；马来西亚的肖慧娟、许玉莲等，以及美国、葡萄牙、德国、英国、印度、尼泊尔、柬埔寨、越南等国茶人。其中日本茶道里千家的家元(掌门)千宗室的题字尤为难得，因在日本也很少有人得到。在这些题词的茶人中，中国的庄晚芳、陈椽、王泽农、陈文华、骆少君、凯亚、郑良泳、林志宏，韩国崔圭用，日本布目潮渢等都先后去世，我深切地怀念他们。

闲适之时，泡一壶茶，翻阅这些题词，仿佛再现当年听笑语、闻茶香、视性情的场景，都是属"一期一会"的茶缘而留下的。有时虽然见面，本子却正在别人手中题写而失之交臂，这又只好以一个"缘"字来解释。还有的是不断在续缘的，像日本布目潮渢有三次在不同地点题写；韩国的崔圭用先生就分别在94、96、100岁分别在中国飞机上和在韩国他的家中题写的。许多人看了这些题字签名，都说这是很难得又非常有意义的事。我不知道是否还有茶人像我这样坚持了30多年。

我客居浙江湖州已50年，这是陆羽最终完稿《茶经》的地方。我30年来沿着陆羽走过的山山水水去探索为什么他能写出了三卷《茶经》；从记载他的点滴文字和当时社会环境中来了解他的思想性格，认识他的为人，请他就像一个当年的布衣处士一样坐在我们中间，和我们一起喝茶，而不是将他造成一个"神"之后，再也碰不得。

这些签名是因为陆羽的茶才聚汇在一起的。一千三百多年的世界各国男女老少茶者的笔画心迹，不是缘，何以能解？

盛满着慈悲仁爱的茶碗

　　1986年9月中旬,我去湖北天门拜谒茶圣陆羽的故乡。从此,我正式地走上了学习茶和茶的文化之路。也从那时起,我的生活有了一个以茶为中心的定位,让我所有的业余爱好和特长得以充分发挥,许多看似南辕北辙的辐条伸向不同的方向,但中心仍是一个茶字。所以,我庆幸有湖北天门之行,至今让我快乐健康地为茶事到处奔走,让自己成为一片茶叶,心底自由安然地和世界上许多茶友共享芬芳的茶缘。

　　那一天,我是和湖州市的林盛友先生一起走的,他是农学院茶叶系毕业的专家。我们从杭州乘一架只有40个座位的小飞机去武汉。飞临太湖上空,林指着距离才几百米下方的一个岛说:"绿茶碧螺春就产在那里。"老实说,我还没见过它呢,也可见当时我对茶的知识是多么贫乏。

　　在武汉机场,天门来的车在等待。意外的是还有两位日本女士同坐一车去天门,其中一位就是日本《茶经》研究学者诸冈存先生的女儿诸冈妙子。她是遵从父命,特地到天门来还一册1940年7月5日由他父亲带回日本的天门西塔寺在民国二十二年(1933)石印的《陆子茶经》。当年,中、日已成为交战国,在烽火连天中,诸冈存先生竟然为了和平的茶到了天门,并从当时天门县长胡雁桥手中得到这本珍贵的书。在以后的十多年中,诸冈存就出版了几本关于介绍、注释《茶经》的书,直到1978年,日本还在再版,而当时的中国,"以阶级斗争为纲"的"无产阶级文化大革命"十年动乱正近尾声。思考这本《茶经》先后近半个世纪的旅程,使我心灵上产生了深深的震动，由此也进一步认识到推广中华茶文化对于全世界人们生活中的意义。所以，我2008年在韩国会议的一次讲话中说："五十多年前，我到朝鲜半岛上来，手上拿的是可以杀人的枪，当时我是一名战士，看到的是战争和人民的痛苦；今天，我已多次再到这片土地上来，每次，我手上端的都是一碗茶，为了一片和平和繁荣，茶碗中盛满着慈悲仁爱和友谊，是为了世代的和平。"这几句话的背景，就是1986年天门之行种下的，它在我心底发芽开花结果，让我冷静客观地研究陆羽，炽烈投入地爱茶。可惜的是陆羽在湖州的归葬墓地出现双胞胎。学术与权术之争，在学术研讨的幌子下，把"戏说"当论文熬成一锅粥，被一帮退下来的"官儿"们任意编造把持，这种真与伪的文化争执现象如今也不是湖州一地，自古为茶乡的湖州人，真是有愧于茶圣之灵了。

多年来我和天门的茶友们一直有着密切的联系。没有天门的因就没有湖州的果。要感恩天门的陆羽和天门的茶人。

隔世横空隐元茶

在日本、朝鲜的佛门和茶道生活中，都会说到隐元禅师的名字。尤其在茶道中的煎茶道，也称为隐元茶法。把隐元作为煎茶道的始祖，还把煎茶的茶具叫作隐元炉、隐元壶等。

隐元（1592—1673）是福建省福清人。他年轻时在浦城黄檗山出家学禅，后升为黄檗寺住持。清代顺治八年（1654）他应日本国的请求去日本，在京都宇治创建万福寺，信众很多、影响很大。这样就有了黄檗宗的派别，获得了日本天皇所赠给的大光普照国师称号。

宇治也是日本从中国宋代引进天台山茶籽播种的地方，建立了御茶园。隐元禅师在当地教会了与唐、宋代末茶法不同的简单易行的煎茶法，慢慢就形成了煎茶流派在日本、朝鲜流行。其实它的根源还是中国闽南、潮州、汕头一带的工夫茶泡饮法。因为中国自明朝开始已废除了饼茶改为散茶冲泡，因为饮法的改变，茶具中的茶碗也逐步改变以茶壶、茶杯为主了。当时积极推广煎茶法的是隐元的日本弟子柴山昭元，他挑着茶担在街上叫卖或赠送，人称"卖茶翁"。把煎茶法进一步规范为"道"的是小川可进。我先后和小川可进第六代传人小川后乐家元有五次交往，陪同他在中国考察，他和他的学生们和今天韩国的崔锡焕先生一样，足迹踏遍中国的产茶区。

1993年，我曾到日本隐元禅师的万福寺瞻仰。庙宇规模宏伟庄重，在一幽静花草葱茏、不被人注意的院子里，我找到了隐元禅师的茶具冢

得妙友来清茶亦雅
有奇書讀無花也香

和柴山昭元的功德显彰碑,对他们传播两国茶的文化表示深深的敬意。但是,说到隐元的茶具,不得不说一个有趣的将错就错的故事:原来,隐元在渡海去日本的途中,不小心将一把砂壶打碎了。当他煎茶时,不得不使用一个带来的熬草药的罐子当茶壶。这个熬药的罐子是横柄的,体积也比茶壶大得多。日本人以为这就是隐元茶用的茶壶,就叫它"隐元壶",并仿制流行改良成为煎茶席上必备的横柄壶。现在韩国、中国的茶人在行茶中也都用上了这种横柄壶。可见,约定俗成和将错就错的事在生活中是个不解决而解决问题的方法,还在冥冥中带有点禅意。

历史不会因为有点错又倒回来,青山不老水长流,我们天天喝茶,日日是好日,开心就好。我向万福寺要了一块印有菊花形的瓦当带了回来,每天在案头看见它黝黑光亮的身躯,我的心就会刹那安静。

韩国茶者崔锡焕

崔锡焕先生是亚洲知名的禅茶文化学者。近十多年来,他经常在中国的茶区和在多次国际茶会上出现。他忙碌又热情,诚恳又认真的形象在众人心目中留下了广泛的赞誉。他主编的《茶的世界》《禅文化》等刊物每期都很精彩。他采访中国各地的茶区、茶人以及禅茶文化遗迹也是很全面的。

继《世界的茶人》《茶之美》《太古·石屋评传》著作之后,现在又出版《禅与茶》,他的勤奋又为世界提供了一本相当重要的书。中国因为众所周知的外侵内乱,使源自中国的禅学、茶的文化学受到了近一个世纪的压制。近30年来中国的历史发生了巨大的转折,禅茶文化都得到了全面的复苏与发展,这是中国人民生活中一道非常受欢迎的风景。但是,在人口众多的国家中,认真去系统地学习、了解、研究禅与茶的人还是不多的。除一些高僧大德和学者以外,大都停留在一般知识和外相的形式上,其中对邻国这方面的交流更少。所以,崔锡焕先生这本书的出版,也是国际文化交流中的一个部分。

禅与茶不是人们在社会生活中的一种时髦和一时的兴趣。禅与茶的实践体悟是一个人内心的修行与提升,并由此去对待和观察世界万象。这对当下世界上的物欲横流、利益冲突和道德信仰缺失的现状,起着像干旱的心田得到滋润的雨露一样清凉自在的作用。禅茶活动切实地开展,尤其对年轻一代的人们如何正确对待生活、事业,都有一种清醒、安定、向上进取的作用，这对任何一个国家的和平发展都是很需要的。世界的文化已走向科技与多元，传统的禅茶文化已不仅仅停留在宗教的范畴中。中国的太虚法师提出的"人间佛教"和净慧法师倡导的"生活禅"，通过实践证明这种理念已经发展成一门健康修炼的心理科学。让每一个人明白自己的人生价值并实践着追寻人类共同的美好、善良、和平的目标，像把一个瘫痪的病人，安上了坚挺的脊梁担当人生，直面人生。

崔锡焕先生写的这本《禅与茶》内容是很广泛的，仿佛是一碗香味浓郁的茶，轻啜一口就回甘无穷。眼下中国的禅茶著作很多。许多大的寺庙有定期赠阅的《禅》《正觉》《弘法》《正信》等刊物和举办大学生为主的禅文化夏令营。正像星云大师说的："点一盏盏灯，照亮黑暗的心灵角落。"我曾受邀参加过多次的国际禅茶会议和到河北、湖北、安徽、浙江、江苏及北京的禅学夏令营受教与讲座。每一次接触众多的僧尼、营员，他们都像一朵朵来自不同池塘的莲花，彼此一个微笑，莲花就开放了；大家在月光下普茶，微风摇曳着面前的一支支烛火，彼此真心交流启悟着自己与他人，仿佛在这个星空下，存在的就是一个人人向往的世界，这就是没有文字，没有声音的禅。

崔锡焕先生这本重要著作是一座通往各国文化交流的桥。它对人们了解朝鲜半岛的禅茶文化史，了解韩国的禅茶活动与修心方式都极有价值。我希望能以多国文字出版，为禅与茶的文化、为自己、也为这个世界。

自由自在的生长最珍贵

看惯了成片像梳理过的茶园,再看这张照片上零散的茶丛,我眼前突然一亮,似乎感悟到了茶的生命,茶的灵魂,理解陆羽的"野者上"了。

茶也如人。有的在宫殿中展示雍容华贵;有的在山沟里怡然自得。我在黄山看到茶丛在四十五度的斜坡上各自成长,远远望去就像新安画派的祖师渐江和尚淋在纸上的墨点;在武夷山三十六峰的峡谷间高低穿行,整块或星散的茶坑引着我的步子,犹如踏着翠露带香的琴键,耳旁有梵音禅韵在回响。这张林晓平茶友拍自四川的照片,又似绣在少数民族女子裙褶上的图案,在点、线、面的交织中,传达出一种再现自然的神秘,一种本原文化的传承,一首悠扬顿挫的情歌……它们,都浓缩在一片片的茶芽里,羞涩地紧裹着身躯,又能让你咀嚼不尽。

《茶经》说茶是"园者次"、水是"井水下"。崇尚茶的"野者上"、水的"山者上"。我想陆羽说的也许是人吧。他当年如果欣然接受了"太子文学"的末等官衔而沾沾自喜,他今天会成为千秋的茶圣吗?如果茶树被种在晶莹的瓷缸里供奉起来,那还叫它是茶吗?看看这些在山壑里错落倔强生长的茶丛,高地上的不颐指气使地压人一头,低坡下的也不妄自菲薄自馁自卑。它们顶天立地相安共生,让我打心底里也生发出一种羡慕,希望自己也能像它们一样远离喧嚣,安详自在地呼吸山风,心安理得地汲取土地的养分,与左右上下紧邻的溪石树木为伍,这不就是实实在在的人生吗。

人们喜欢喝精制的、发酵的、窖了花的，以及专找那些厚叶老酽得发苦的茶。陆羽没有把茶去细分了个三六九等，只崇尚了一个野字，我想这是对在人中要去分等级的反叛，是对各地不同茶的个性伸扬的尊重。

武夷山下有一块刻着"茶魂"二字的巨石。它作为一个当地徽标，承载着中国茶的精神重量。我想：一弯溪水、一方园土、一片茶叶，都承载着几千年道、释、儒、隐的哲学思想，浸润着一代又一代的中国人，都会凝成一个共同的宜精美、行俭约、崇德尚的茶的灵魂。

世界有华人的地方就有茶的芳香。它代表着一个民族的道德礼仪，传递着风情与愿望。每个人尽管民族、性情、才智不一，也只有像茶叶和睦平等地在一起，经受着不同时代水流的冲击，释放着自己的能量，才能泡出醇厚与甘甜，这就是茶魂了。

茶止渴，渴求太过则贪；茶助思，思得深沉则悟。茶简朴无华，不畏风欺雪辱，终年常绿，宠辱不惊。茶又是自由的。唐代茶圣陆羽说：茶，野者上，园者次。凡不受藩篱羁绊，吸山风、饮涧流的茶才有健壮的枝条和凝厚的叶片。它把细密的根须深扎在祖国丰沃的土地中汲取大自然的养分，又以牺牲自我的行动茶芽，完全奉还给人们入指、入舌、入心。如果人人心中都有颗茶魂定位，那么，我们的地球就将是宇宙中一颗最宁静美丽的行星。

沁心入腑的沉香与崖柏

　　《红楼梦》第十八回元妃省亲，带的礼物中有弌金如意一柄、沉香拐杖一根、迦南念珠一串……这沉香拐杖和迦南念珠的价值远在一柄金如意之上。2010年春天我去印度，一些人就寻买沉香。那是以克来计算重量的商品，还不容易买到。香烟长的一段沉香木树皮也上千元。何况元妃送的是一根大拐杖呢？迦南也称奇楠沉香，在古代就是玉石倾拜、黄金不换的珍贵的木料和保健药。不久前，上海一位朋友来访，他的汽车方向盘前放着一包烟大小的一尊沉香木雕的地藏佛像，利用它的香味调节车中空气，对人还有透气活血祛邪扶正之功。我知道这么小的一座佛像就可换上一辆普通小汽车，而他家中那重6 750克的倒架沉香是少见的宝贝了。

　　沉香是常绿乔木，经千百年腐蚀朽化，由木质心及根部的油质渗透至外层而成，产在印度、泰国、马来西亚等地。有活沉、死沉之分。活沉指自然界的沉香受到雷击等破坏后，沉香能以自己的精华修补创伤经千百年而成的畸形肌理，即便是一小块也能沉入水底；死沉香是大树在地壳变动中埋入地下水中后形成的琼脂集结体，它的色泽不是赭红色而是偏黑紫色，散出的香味也远比活沉浓郁，在木中属极阳之物，和乌木属阴正好相反，但都珍贵。沉香木未经雕刻的叫做"倒架沉香"，除香气聚阳破煞治病防病外，民间有"家有沉香，玉瑞临门"之说。元妃送的真不是一般的礼品。

陆游吟棋诗

僧院軒窗酒布棋
過門自入不須留
恰來竹下尋棋局
又向沙邊上釣舟

寶畫其詩意
歲在丙申時之冬至

人有男女，树有雌雄；人有三六九等，树也分乔灌材杂。人们常把松柏相提并论喻为长寿常青，但地位最高的不是松而是柏。松被喻为木中的"十八公"，而柏在司马迁的《史记》中就定格为"百木之长"。人们对松的挺拔高大优美比较熟悉，相对对于柏的弯曲凌乱不以为然，可见，不管是什么，一定的"卖相"还是要的。

我在贵阳市见到几百立方在金沙江江底埋了三千年左右的乌木。这种又称为阴沉木的木材树种很杂，但价格超过金丝楠木。原本郁郁葱葱的大树因地质变化倒落在峡谷里被水一浸数千年，它"活"在黑暗与压力之下却成了"奇材"。现在，我又在四川知道一种有 3 亿年辉煌的崖柏，它在 1998 年由世界自然保护联盟（IUCN）宣布这种中国特有植物已经灭绝。可是 2000 年中国科学院宣布它不但没有灭绝，而且在 2004 年—2007 年间，由中日科学家通过对它的"植物精气"鉴定，崖柏和一切柏树的精气香味是"空气维生素"，对人体抗癌和老年痴呆等疾病的预防是最有益和最有价值的植物。它是独一无二的历史、艺术、药理、收藏和研究价值最古老最神秘的树种。我想，经历了地球 3 次生物大灭绝的中国崖柏在由两千两百多年前的司马迁和四百多年前的李时珍加以收录记载之后，为法国传教士于 1892 年重新发现、盗回，并收藏于法、英的博物馆。如今，怎么又被现代人再次注意了呢？它具有生命力特强和全能的药理功效，和沉香木一样，全散发出经久不失的芳香。人们利用它的木屑反复浸泡当茶饮用，香味特殊可数月不失，把它们放进枕头里，达到维持最佳的免疫系统状态。如果利用它奇异的结构纹理摆放陈列，又是一件色香味形器俱全的艺术古董。照片所示就是利用一段 15 公斤的崖柏根木，顺其自然地只雕出一个和尚的头，右边的一条根也自然地伸进隙缝里，其他部分都未着刀，成为一个长襟飘袖的布袋和尚笑呵呵无忧无虑地行走在人间，多令人羡慕和赞叹呵。

我们在黄帝陵、曲阜孔林、北京天坛等地可以看到上千年的古柏。

每一棵都姿态各异,每一棵都长得桀傲不驯迎风斗雪,表现出一种民族不屈不挠指向寰宇的精神。此外还有一种黄心柏树,它被作为皇帝棺椁外的护木,叫"黄肠题凑",连一般大臣也是无权享用的。

现在世界上珍贵的木材愈来愈少;世界上也没有非卖品。沉香木论克计价,乌木、紫檀、黄花梨小以斤计价,红豆杉木已禁止出售加工,它们的木屑都作为了名贵药材。它们都"死"了又都还"活"着,它们都有着"化腐朽为神奇"的生活经历对我们人类也是一种启迪吧!

好多位茶人在我家喝过崖柏木屑泡的"茶"。汤色红,有极强的香味。一撮木屑泡在壶中,可饮用三四天。这是因为木质特别紧密的原因,对于防止老年痴呆症特有效。如果把木屑纳入小袋中置于枕头旁,不时有芳香气味散出利于保健。看来,老年痴呆病可与我无缘了。

独守自己的精神家园

　　隐士文化在三千多年前就萌生了。在《易经》中，就以赞扬的口吻说隐士是一群"不事王侯，高尚其事"的人。"高尚其事"就是不关心世事，也不去管国家有什么政令，只满足让自己在清静的环境中自我耕作，自由生活。古史传说中的巢父、许由；商末时的伯夷、叔齐；到后来魏晋时的刘伶、阮籍等"竹林七贤"和陶渊明等就是出于不同动机而成为了隐士。三国诸葛亮的"宁静致远，淡泊明志"的隐逸思想，不仅影响着世代的文人士子，不少人到今天还写成条幅挂在的家里。就在你手上的这本书中，作者还写了一群人在终南山里，独自守卫着自己的精神家园，恪守着（哪怕是有时间性的）漠视物质享受，追求内心安宁的一份民族的人文传统。

　　道、释、儒、隐都有真假之别。我只是想说今天的终南山中还存在着上千隐士生活的追求者，他们吸引着许多中外人士的目光，虽然这些在大山茅棚里居住人的思想、知识及思考的范围已远远地超过了古人，我们也不必去辨别他们是大隐还是小隐，真隐还是假隐，只要他们存在，就是一个值得思考研究的社会问题。

　　我的茶友马守仁是位科技工作者，他有许多别号，南山如济只是其中之一。他酷爱古诗与茶。6年前来湖州要我带他去瞻仰茶圣陆羽墓。我们驱车来到妙西镇侧的杼山上，向他说明陆羽墓早已湮没，这只是当地百姓自筹自建并每年按时祭祀的一个纪念性的地方。守仁先生穿着

為李贄先生造像

茶夾銘

我無老朋
朝夕唯汝
世間清苦
誰能及子
逐日子飯
不辨幾鍾
每夕子酌
不問幾許
夙興夜寐
我願與子
始終
子不姓湯
我不姓李
總之一味
清苦到底

丙申年冬日書（於每上十齋）

中式服装虔诚地献了茶并叩头祭拜,然后坐在石头上拿出他随身带着的竹箫吹奏起来。我静坐在远处,看头顶上翠竹蔽空,阳光稀疏地洒在身上,耳畔的竹箫声随着轻风在这杳无一人的山里悠悠回旋。以前,我曾陪伴过无数的中外茶人来到此地瞻仰,但像他这样的还是第一位。此后,我们多次在不同的国际会议上见面,他依然简朴、认真、虔诚地组织海内外茶人一起品茶、联诗、座谈,并拿出他的竹箫吹出我们听不懂却可意会的曲子。现在,他给我发来了《岭上多白云》的文稿请我写序,我的心一下子凝重起来。因为这几天正是日本、菲律宾对我国领土非法生事的时候,心里想的和手上看的,其内容的反差是如此之大,我怎么写呢。

当我看完了十万字的书稿后,因为我没到过终南山,就想象着山的凝重大气与茅棚的简约矮小。再读或优美或深邃、或佛与禅茶的典故文字,任由思绪翩然升起落下于纸于心,仿佛我也推开了斑驳的木门,听到了火的哔剥,瓦罐中水的翻腾与在鼻翼边闪过的茶香。而心中忐忑的却是不知他给我的是粗茶碗还是细茶盏呢?如果他搬出整套细瓷茶具,不管他泡的茶是单枞、水仙、普洱等,那我会调头就走。因为我是进入山野茅棚不是到富丽的轩殿。我觉得我进入他的山居也是进入我内心的一种渴望。岭上白云,屋里茶香,我要的是一分短暂自由与自在。

终南山依旧,只是换了人间。住在茅屋里的是现代的隐士。至少他们从手机里可以知道妻子的召唤,可以向千里之外的茶友发一首诗奉一盏茶。从这本书中我们可以详细地看到南山如济有能力营建他的茅屋与茶亭,有时还能带着一条名叫阿福的牧羊犬。怕山民来偷盗,故意把新买的铝锅敲上几处凹痕;在烟熏火燎成黑色的茶缸里泡出的却是价格不菲或是稀有的名茶。如果细看这本书,就可以知道,南山如济这位现代的隐士同样有着两千年前终南隐士一样清澈无尘的内心。只是,他还多了一份责任,就是通过文字写下前所未有的,让我们了解现代社会中还有着一种传统的隐士文化、隐士的实践,以及他们详尽的佛、禅、茶事生活与思想。

　　这是一本通过茶的媒介展现着饶有趣味又传播着庄子孔子释迦牟尼思想，也通情达理地将禅茶一味启悟人们。仿佛在他的千竹庵里，汇集了古今哲人、茶人在讨论着人生的种种课题。茶喝干了再倒，水罐里始终都有嘟嘟的水声，那一缕缕茶香，牵缀起时空，让我们忽远忽近地温习着一段久失的气息，让这充满浮躁和缺失信仰与道德的空间有暂歇的清空。

　　南山如济是位有情趣的人。他法喜充盈的眼里看到的大都是事物美好的一面，他向佛座烧香、诵经、耕锄，更不忘在桌上摆几枝山花枯藤；他抻纸书画，或让低回的洞箫来表达内心的波澜。我始终认为，人生不由己，死是共同的终点，当中或长或短的一段活着的时间，都是在享受一个情字。有情有爱，旅途才有风景，人生才有滋味。佛要普度众生，如果不以情为基础，怎会有慈悲二字？菩是觉悟，萨指情爱，觉悟了的对众生的情爱是大家乐于接受的。隐士文化在时光的流逝中又似潜流突然冒出地面，的确是社会的一个折射亮点。

　　巍巍终南山经历了亿万年的沧桑，泾河的清澈和渭水的混浊纠缠着在大地上流淌。那山沟里世代的茅棚以纤弱的身躯积蓄着能量，悠悠的白云见证着一群人用智慧在寻求理想。佛的缘起因果学说验证着历史的发展，这本内涵丰富又有茶香禅意的书，给了我们丰富的营养。

点亮心灯吃茶去

　　武夷山首届国际禅茶文化节的和文化高峰论坛,是去年在杭州舟山来自37个国家和地区,有三千多位高僧、专家学者、政府官员参与的"和谐"主题论坛的继续。它也是自1949年10月以来,中国举办的首次世界佛教论坛,意义非凡。今天,我们在武夷山天心永乐禅寺和各地来的专家、学者、高僧一起,再一次进行"感恩自然·和谐世界"为主题的论坛,有这么多的新闻媒体参加,同样也产生深远的影响。

　　中国两岸四地目前有三大语系佛教寺院两万五千多座,僧尼约二十多万人,信众约一亿多人。这是一支对内构建和谐社会,对外共建和谐世界实践者的队伍。佛教的缘起理论认为,宇宙、万物与人类的相互依存、同体共生,其内核就是一个"和"字。和而不同,互相包容,求同存异,共生共长。我们知道,人类在社会活动中是不能没有信仰的。信仰就是我们心中的灯。20世纪的抗日战争时期,我们心中的灯在当时的延安;今天,我们心中的灯就是为了和谐而去努力。

　　胡锦涛主席提出"八荣八耻"的社会主义荣辱观,作为中国13亿人民新道德的标尺,这是与经济高速发展相适应的精神文明和道德伦理。

　　作为一个爱茶的人,从物质上去识别大红袍也好,白牡丹也好,茶就是不同茶树上不同制作的叶子;从精神上说,闲适得乐也好,茶禅一味也好,快乐的体验和悟性的差别都归结于心。现在,经过二十多年的共同努力,我们已经把失去的茶文化复苏挖掘得很有成果,许多茶区和茶商

茶烟梧月书声

雨松风琴韵

从中积累了不少财富。也应该引导人们从物质提升到精神世界中去的时刻了。禅茶文化提出"正、清、和、雅"四个字的本身就是儒、释、道多元宗教的和谐在一碗茶中。事实已经证明,构建和谐社会和树立"八荣八耻"的荣辱道德标准,禅茶文化是最好的助手之一。与此同时,我们看到宗教本身也在时代化。"人间佛教"和"生活禅"的提出,都是以人为对象,让每个人对自心,对他人和社会,对赖以生存的空间和自然,从小我到大我、众我,去接受因缘,融入和谐。这也不仅仅是中国的事,也是世界的事。在当下存在的种种社会矛盾乃至冲突中,人的信仰失落而普遍的浮躁不安,都是每个人对自己人生价值的判断失去标准的结果。

历史的教训告诫我们,重建国人道德是一个长期复杂的,必须从源头入手的几代人工程。我们也高兴地看到,每年由大学生为主体的禅文化夏令营遍地开花,中央电视台开办的"百家讲坛",和众多的出版物,说孔子、庄子,讲《论语》、品《三国》,谈茶说禅,正展现着中华文化的普及化、年轻化、生活化和多元化的强大热潮。两千五百多年前的经典《论语》为什么会深深触动全球华人的心灵。我看,为什么20世纪初"打倒孔家店"文化运动和70年代的"批孔"运动都打不倒孔子,就因为这些文化像是一碗原汁原味的中国茶,中国人都爱它。

刚才一位法师讲了只有把杯子里的茶喝干,才能在杯子里再斟满新的茶。他以此来说明,在生活中要懂得放下,放下了,自在了,才能去接受新的东西,有新的收获。作为茶人,应该把自己看作是一片茶叶,而不是拥有许多头衔的一个普通人。把自己和许多茶叶浸泡出一杯可口的茶,放下自己,奉献众生这就是茶人的本质。如果你爱喝茶,那么不管你寿命有多长,你一辈子只喝三杯茶,儿童到大学毕业前,你因为受到许多长辈的呵护,喝的第一杯是甜茶;你走上社会碰到了许许多多的问题,觉得做人创业的艰难,这是第二杯苦茶;但你经过努力会有成果会有家庭又有了自己的下一代,这是苦中有甜;等到你老了,回想自己一生会产生不少的悔恨，明白了争胜好斗，伤害了别人和那些浮名头衔的无谓。而又有了发自内心的宽容、理解和对周围的恬淡和谐。这时你放下了许多早该放下的东西，心中的灯明亮起来了，人生充满了快乐，这就是人生最后一杯的淡茶。

今天在武夷山，我们和数百位海内外高僧和许多专家学者讨论着中华文化道德建设和社会心灵建设话题，这也关乎国家命运，民族精神的强大奋进。品味着武夷山的茶香岩韵，更咀嚼着味外之味茶外茶的一种境界。这就是以人为本，点亮心灯。

从茶中汲取超越哲学与宗教的力量

禅宗源于印度佛教的中国化。由中国传到日本,发展成了他们茶道的核心。在韩国的茶道、茶礼中,禅意也有充分的表现。中国的茶文化史在发展中,由来自民间的普遍饮茶上升到皇公大臣的茶会茶宴;日本是在中国已经普及饮茶并有了茶的种植品饮专著以后,传回去由天皇大臣及高级僧侣们享受,再结合了本民族的文化,由上而下到达平民百姓。其中,强调饮茶人的心茶和茶心之路,来进行个人的品德修行、体会禅茶一味以及在茶道中的"意不在茶",因此,中国和日本的茶文化、茶生活,虽然基点都是茶,却是一棵树上向两个方向伸延的枝桠。

2011 年是日本的荣西和尚首次到中国来的 840 周年,是他把茶籽带回了日本。10 月下旬,在江西南昌召开了中日茶文化交流与发展学术研讨会,我发言认为,任何民族的文化是属于全人类的,前提是要彼此尊重。其中对人类有利的一面也应该借鉴学习。中国地大人多、民族多、茶种多、茶俗多,还有许多非茶之茶,这是其他国家比不了的。中国 56 个民族,不论居住的地方产不产茶,老百姓都遵循以茶迎客、以茶为礼的礼仪,表现出中华是礼仪之邦。这可以说就是中国最质朴简约、深入民心的中国茶道。

日本茶道中的意不在茶,有些对中国当下的社会是可以学习借鉴的:

1. 心茶之路:茶是人在社会生活中交往的一种媒介,意不在强调茶本身的价值；一个人品茶，除了爱茶品味之外，让心舒缓，冷静思索要办的事，要走的路。心与茶的相互感应与思索，这就是生活中的禅意。

2. 一期一会：人生是多彩又苦短的。几个人能在一定的场合中相聚喝茶，也许一生中唯有这么一次。珍惜的感情就会彼此尊重和坦诚。人与人之间的和、人与自然环境之间的和，在一期一会中都显得美好无瑕并被永久记忆：惜茶、惜时、惜缘。

3. 草庵精神：日本传统是在特设的茶亭中请别人来喝茶，庵在中国古代就是亭子的意思。茶庵不设门，进去前漱口、净手、脱鞋，从一个方形的入口爬进去。这一举动就是请你把权势、财产、头衔等放下，进去之后就没有长幼、尊卑、男女之分，彼此平等地一块儿享受并感恩自然给我们的茶。在这个环境中不会传播张长李短，不说事物和人的我是他非，唯以一颗"众生平等""一期一会"的心彼此进入静谧空灵的境界，茶的主人在事茶时一切是为来喝茶的人着想的。有了"为他人着想"的基点，就能在生活中化解许多由"心"产生的矛盾。茶的一生是奉献，人们爱茶饮茶就是让茶的精神定植于心。

中国历史上，汉儒以研习儒家章句为乐，魏晋名士以饮酒谈玄为乐、唐代文人以饮茶谈禅为乐，不同的时代反映了不同时代上层人士的精神生活变化。如果就对佛教的态度说，六朝士大夫热衷的谈佛理、读经论到唐代转而习禅、居静，各自对佛教的态度有了很大的不同。这是我们可以从唐代大量的诗歌、文学创作中很容易找到的根据。当代，中国经历了上两个世纪的大部分时间的外侵内乱，而且这种社会动荡的表现是时间短、变化快、烈度大，对民族传统和文化，对现代人们思想和行为的影响也是深远的。二十世纪六七十年代 9 亿人曾统一在一种思想准则下，到近 30 年 13 亿人已经开放为多样性的文化了。人们的道德思想行为在全世界政治、经济形势面前发生了许多碰撞。在佛学界先后有人提出"人间佛教"和"生活禅"来促进社会秩序的安定。几年来，在全国青年人，尤其是大

滾滾長江東逝水

浪花淘盡

英雄是非成敗

轉頭空青山

幾度夕陽紅

依舊在

白髮漁樵江渚上

慣看秋月春風

一壺濁酒喜相逢

都付

古今多少事

笑談中

学生中收到了很好的效果,这就是在构建和谐社会的总目标下,以感恩、分享、结缘、包容这八个字对待天地自然,对待人际社会的种种矛盾。确实,天灾人祸造成的后果是可以以众人的爱心来弥补的,但一个人一旦缺失了信仰与目标,激情与自信,损失的就是人生价值。我们不会要求习佛者必需习禅,因为僧人不一定是禅僧;我们也不会要求学禅理的人一定要皈依佛门。唐代五泄灵默在回答别人问他是什么态度对待禅与律时,他说:"寂寂不持律,滔滔不坐禅。酽茶两三碗,意在驴头边。"这样的回答既说出了自己的心境,又道出茶对人心的静思作用。心悟的成熟不是孤立无援的,实践的清爽、坚实、灵动是认识提高开悟的必需。从书中来到书上去,尽信书不如无书,也无益于学术的讨论。茶业生产者和茶艺员们在自我提高的基础上,主动引导消费者去认识茶与心的关系,就能建立一种生产与消费的亲和力,更有助于茶事业的发展。

我已参与了多次多地的禅茶论坛。这个平台为海峡两岸、港澳茶人以及国外的茶人提供了一个以心交心,以爱至爱的人性化、生活化禅的思索,引导人们从茶中汲取一种超越哲学与宗教的精神力量,在弘扬中华传统的美德中达到一种人与天地和同类的圆融。我们也应该尊重和学习他国的茶的生活。

荣西从中国带回了茶使日本的土地上开始种上茶树,但他也带回了中国化的禅,开了日本八九百年的禅风。茶是禅的翅膀,禅是茶的灵魂,被西方人称为"东方智慧"的禅与东方人的茶,代表了东方人的精神自由与智慧,作为一种生活方式,一种治疗心理的良药,我们应该感恩我们中国的茶山、茶人和多彩的茶俗。

星空下的普茶

2012年8月，应邀到安徽黄山梓路寺和湖北黄梅四祖寺分别对全国五百多位大学生参加为时一周的禅文化夏令营作了两次讲座。题目是《茶香禅趣乐养生》。其间，在星空下进行了多次有禅师、教授、学者平等参与的对话普茶活动。大家坐在蒲团上，什么问题都可以提问并指名哪位回答，气氛是很平和又热烈的。我发现现代的大学生们普遍爱茶又对茶的知识知之甚少。他们被茶的各类宣传知识搞乱了，对茶艺只看了作秀式的表演，对茶的文化内涵又缺乏认知。以茶为礼，这是中华56个民族共同的待客之道。一是说明饮茶在民间非常普遍；二是它花费不多。即便在穷乡僻壤的山村，主人也能端出一大碗的茶，说声请喝茶，让你分外亲切感动。这就是一碗浸润着中国礼仪之邦优秀精神和中国茶文化精神的茶。所以我们在茶的生活中，不必向客人炫耀你的茶是多少钱一斤的，茶壶又是哪位名家做的能值多少钱；你只要在内心和脸上表现出了真诚，谁也不会计较你泡的是什么茶。我前年在印度、尼泊尔看到恒河边的修行者们住在山洞里，身上几块布和放着的几个盆碗，过着简到不能再简的生活，可看上去他们都很快乐与自信。我还看到河边八九处用木柴火化尸体的人们。他们没有痛哭没有哀乐和繁琐的仪式，只在裹着白布的尸体上撒一点花瓣，等烧到差不多了，把尸体和木柴往河里一推。这样，死者走完了人生的路，空出地方让给生的到来。有的人还抢着把骨灰抹在脸上胸前，庆贺他们去轮回了，死亡对他们没有一点恐

客至心頭

熱人走茶不涼

畢起七星竈
銅壺煮三江
擺開八仙桌
招待十久方

惧。我站在旁边想:人是由父母的情爱而生出来的,死是大家共同的归宿,那么中间这或长或短的一段时光是什么呢?我想只是一个情字。国家民族之情、父母手足之情、邻里同事之情,还有乡情、男女之情,对某件可视可吃可玩的物品以及有声的音乐、无声的书画乃至一草一木等等,都让人觉得生活是丰富美好的,为这些情而拼搏、牺牲也是值得的。那么宗教就不讲情了吗?佛讲"觉有情",佛正因为讲情讲爱也才有了慈悲二字,他要普度众生脱离苦海,这不是最大最高的,因为有情才这样做的吗?菩是觉悟,萨是情爱,有觉悟的情爱才是人类都需要的。西方宗教的基督、伊斯兰教世界的真主讲对众生的爱,这也是情。还有在西藏触目可见的就是在许多人烟稀少的地方也有刻着经文的石头嘛尼堆,拉扯着猎猎飘动的五色经幡,藏民看见了它,心里就安定了,艰苦就不怕了,生活就有希望和信心了。正因为有了信仰的力量,我们的先烈们才会前仆后继给了我们今天的生活。在印象中,印度这个人口大国一部分老百姓似乎很贫困,我看到的也是豪华的院子外边就是脏乱的贫民帐篷。可是又看到一项对各国人民幸福指数的调查资料中,说印度人却是最高的。这又使我迷惘,因为印度至今语言文字不完全统一,还保留着四个我们难以理解的种姓制度,相互也不能通婚。可是他们有强烈的宗教信仰,认为神的旨意使他们的生活本该如此,也就削弱了许多矛盾而感到了生活的幸福。不尽相同的信仰都是人们心中的一盏灯,把它点亮,就累不倒、压不垮,就有快乐与健康。点亮心中的灯,把灯火传到下一盏烛火上,你手中的灯火并没有减少,可是你抬头看,火种已传遍成一片灯的海洋。我的茶也是这样:我们每个人都是一片不同形态气质的茶叶,泡在一个环境里,彼此都共品着芳香。此时此刻的普茶,茶碗里是什么茶,滋味如何已远远地退居幕后,你可以不喝茶,但你拒绝不了主人的真情厚意,相对无言,气息相通,这也是茶生活中的禅意。我们这一群"茶叶"们,在星空下真诚地交流着心声,探讨着人生的意义,分辨着善恶美丑是非.怎不教人陶醉于茶中。

"春有百花秋有月,夏有凉风冬有雪。若无闲事挂心头,便是人间好时节。"这首禅诗告诉我们,一天二十四个小时,一年二十四个节气,每一天都与我们心情健康相关联。喝好平民的茶,让茶回归到俭朴的本质,这是我们茶人的责任。我希望爱茶人有空去山村走走,看那土屋中的老人主动招呼你:"进来吧,喝一口茶,歇歇脚……"那温暖的茶情茶香会让你记住一辈子。

日本的"国技"与"国粹"

　　一个国家往往会有一个让人不能忘记的标志性文化,也绝不会把它们扯到别的国家去。例如中国的汉字、京剧、少林功夫,西班牙的斗牛,美国的拳击,泰国的人妖,巴西的桑巴舞……那么日本有什么呢? 如果说茶道是他们的唯一代表日本文化国粹,那么另一种像两个大胖子打架的相扑运动也可以说是他们的一种文化标志了。

　　日本茶道是讲程序性、仪式性、宗教(禅风)性的。这包括茶庵(亭)内的布局以及茶挂、茶花、茶点等等的细微用心体现。他们的相扑早在1909 年就被国家定为国技,也讲究甚至超过了茶道的严谨。它和日本的茶道、剑道、书道、花道、棋道、酒道、武士道乃至色道等等一样,在不同形式的外表下追求着一个"道"字和一种东方民族的精神,包含着人人平等、不分强弱、不分尊卑地在一起喝茶、一起较量、一起欢乐,比较一下谁的内在力强,内修得深。因此,相扑是世界上唯一不设体重级别的运动,矮的轻的瘦的打败高的重的胖的对手例子很多。观众们以期待的心情看待对方心与力的搏击,更希望看到弱的战胜强的。一旦满足,他们会疯狂地欢呼,尽情张扬着他们渴望追求的那一种精神。

　　日本的茶种和茶道都源自中国。相扑其实也源自中国唐代以前就有的"角力"运动和"力士"称号,只是我们一贯来似乎太在乎输赢,"成者为王败者寇"的观念影响深远,许多事物重结果,重得分,而不审视和尊重过程,尊重这之中由于客观因素造成的得失和人付出的努力。因为事物在发展中有不少的偶然性,也就是俗称的"运气"成分。这表现在茶叶市场一时兴起这个茶,一时又兴起那个茶,强调了品牌价格的攀比,似乎高价格就是好茶。一些地方的茶文化活动流于形式化,只要做了就是"政绩",而茶农得到真正实惠的却不多,文化服务于经济的作用不显著,出现以成败论英雄,忽视精神因素,存在市场和荣誉观上的大起大落现象也就不奇怪了。

　　日本的茶道流派很多,无论是哪一门,都有它必要的程序与形式。这和日本相扑运动员身上只系一条兜裆带,在台上撒盐,互相拍耳光,裁判员戴着山形帽,手拿羽毛扇像个中国道士等细节一样,不这样也不成为这一国技的特色。中国的茶艺,在20世纪80年代由台湾茶人带入,台湾茶艺盛行的时代正是大陆进行"文化大革命"政治运动的那几年。台湾茶人为了摆脱日本殖民文化和美国文化的影响,他们选择了茶的文化作为媒介,成功地弘扬了中华民族的传统文化精神。但台湾岛毕竟在历史上长期受日本殖民时期文化的影响,所以在茶的冲泡过程中会有日本茶道的影子。而韩国虽然也更受日本茶道的影响,但出于一种民族自尊意识,在主题茶礼上他们有了许多的创建,除了宗教主题的以外,大多数以日常生活表现为主,可以在茶礼会中朗诵诗歌或歌咏、舞蹈,强调了以茶相互为礼的亲和精神,这与日本茶道有极大的不同,在表现形式和内涵上也有更大的反差。所以,我认为,文化上的交流借鉴模仿,包括东西方的文化相互影响是必然的。西洋歌剧用中国话演唱,中国京剧用英文说白演唱都已经有了,但形式上的变化不等于改变民族文化的内涵。

　　中国国土大、民族多、茶种多、茶俗多,东北、西南、江浙、岭南、西北加之高原、海岛等地域风情都极为丰富多彩,为什么各地不多去创作自己区域的茶艺形式呢?

　　世界上的事每时每刻都是在变化着的。2012年10月我参加了在韩国首尔举办的第七届世界禅茶文化交流大会,很惊讶地看到一个日本茶道团体的演出,再不像司空见惯了的缓慢又冗长地用茶巾去擦拭早就干干净净的茶具和拿起又放下一再重复的摆放动作,竟然像录像快进一样迅速得有点异样。我当时就想,日本茶道一开始是男人的专利,后来成了女人的天下;从一开始的跽坐到后来可以用上了桌椅以适合现代年轻人;再是如今有了节奏由慢到快程序简化。同样,还看到身着粉红色现代舞衣的少女群舞,她们完全舍弃了泡茶献茶的动作,一只手托起茶碗翩翩起舞,表现出对手中的茶浓烈的喜悦之情,这也符合大型的茶会演出的气氛。但它又与当天另一个自始至终阿弥陀佛梵音不绝于耳肃穆的禅茶表演截然不同,台上几个人泡茶后,面对几百人的会场把茶献给台下前排三位贵宾。这样礼仪性的程序在大的场面上总会与大众互动的感受上有点别扭。希望茶艺表演也应考虑到室内室外、人多人少的环境取得预期效果。我们中国茶艺可与其他多种姐妹艺术形式结合,因为文化的多样性是文化进步发展的动力。国际性的茶会更应有它的多元和多形态性。

弘扬茶文化中媒体的作用不可小觑。然而这种传播不是"文化快餐"式的。虽然"快餐"有它的合理性,然而它最大的缺陷是没有深度的理性思维,往往停留在表面的视听官感上。眼下中国的茶艺表演,除了带有地方特色或工夫茶的传统程式以外,一招一式,一传一送,长时间地摆弄着罗列的茶具洗杯斟水过程,好像都有着日本程式的影子。我们已经做了三十多年的茶文化弘扬、推广、研究、提高工作,在中国特色的茶艺活动方面和摆脱别人影子的方面,还有很长、很高方向的探索之路要走。我认为只要符合茶的深刻文化内涵,符合中国人的审美要求习惯去创作自己的茶艺活动和茶艺表演,将会有一个百花齐放、推陈出新的局面出现。

天道自然的草根与茶

　　我来自中国浙江湖州市,它是 1260 年前中国唐代陆羽写成《茶经》的地方,这次被邀请参加这样的会议,感到荣幸并表示感谢。

　　这是我第二次访问新加坡。在最近 10 年中的不同地点的国际茶会上,能和新加坡许多知名茶人多次相聚,并在湖州多次接待新加坡数十位茶人瞻仰茶圣陆羽的历史遗迹,我相信通过这些相互访问与交流,"天下茶人是一家"这句话,变得更为亲切、实际了。

　　新加坡在繁荣经济和行政管理等方面的成就,在中国已家喻户晓。中国国土面积与新加坡虽然悬殊,但是多元的种族、民族,多种语言文字,多种民俗习惯和多样的饮茶方法确实进步相近相同的。目前,新加坡的地理位置,使得和世界各国的茶人社会交往也比中国多。所以,我是抱着再次学习和加强新加坡茶艺界和中国国际茶文化研究会之间的进一步友谊交流而来的。今年 9 月,在广州市召开的第六届国际茶文化研究讨论会上,有两位新认识的马来西亚朋友找我,希望谈谈"草根文化与茶的关系"问题。我当时坦诚相告,我尚未听过"草根文化"这个名词。后来仔细想想,中国这个以农耕为主的国家,从历史上对于草是不喜欢的,因为草与人类的生存有争土地、夺肥料、夺水源、抢口粮的尖锐矛盾。表现在文字语言上就频繁出现草民、草率、草寇、草种、草稿及草草了事、草菅人命等等词汇,还有一些人把不喜欢的文化作品形容为"大毒草"。对它的态度也是"斩草除根,除恶务尽",恨之入骨。怎么海外华人中会有个"草根文化"呢?

濃茗洗積昏

淨浮慮

妙香

蘇東坡句 濃茗洗積昏 妙香淨浮慮

前天,新加坡的资深作家英培安和他夫人翻译家吴明珠女士在他们开办的"草根书室"请我主讲了《草根与茶》的讲座,为此,还在《联合早报》上刊出了海报。其实在我去拜访他时就请教了关于"草根"的含义。承他拿来一厚册英汉辞典解释这个"草根文化"的含义是基层"大众"乡村的意思,他的"草根书室"和"草根出版社"也就是面向基层大众服务的意思。据那天参加讲座的朋友说,台湾原来居住的人为了和大陆过去的人加以区别,提出的"草根文化"含有狭义、排他的政治含义。我在讲座中说,我们华人不如以草根文化来象征中华民族的坚韧、向上、节俭、耐劳的精神为好。

　　中国唐代诗人白居易,曾写过一首人人会背诵的诗篇:"离离原上草,一岁一枯荣。野火烧不尽,春风吹又生。"他借大地上生生不息的小草,讴歌了人与自然社会的顽强抗争求得发展繁荣的精神。草之所以"野火烧不尽,春风吹又生",就是依赖深植于广袤大地的根。华人离开祖国的土地到了异国他乡,面对一切的陌生,以披荆斩棘、百折不挠的精神存活并世代相传,为当地的发展做出了杰出的贡献。小草、灌木、乔木的根,无一不深扎于泥土和民间。茶这个字由汉字中的草、木、人三字组合。中华各民族无一例外地都以"天人合一""天道自然"的朴素哲理,在人际交往中选择了客来敬茶、以茶为礼,这不仅是中华茶文化中重要的内涵,更是海外华人寻根问祖的一条纽带,它象征着坚忍不拔、无所畏惧、互相扶助、友爱向上的民族精神。如果这样来理解"草根文化"的话,我得感谢我们的祖先选择了无处不在,又看似纤弱的小草来作为一种民族精神的象征;我也得感谢海外的华人以"草根文化"这个词运用在茶的文化活动中,又赋予了茶文化的新精神和内涵。

　　草、木、人三字组成的茶字,人在当中,左右各一笔,也象征着不如草、木两个字的平等平衡。人因为生活经历、环境、意识、性格、修养、道德观的不同而千差万别。谁都在为茶文化忙碌,但内部的亲和力总是不足。所以，前些天我的茶画展开幕式上，中国驻新加坡大使馆领事的致辞中说得好，他希望民族传统文化在新加坡政府倡导的"优雅文化、优雅社会"的活动中，团结一致作出新的贡献。

新加坡的茶艺，我觉得它不像大陆那些遍布城乡集镇以休闲为主的民间茶馆，而是作为一种展示本民族传统文化的桥梁。人民来品味中国茶的同时，在中国风的环境中可以听到唐诗宋词和古代优秀散文的讲座；可以听民族音乐；了解并动手使用中国的书画工具学习书法绘画；还可以欣赏中国山水风情的 CD……当我亲眼看到不同肤色的人在茶艺活动中认知听讲时，令我非常感动，觉得新加坡茶人不是进行一种商业经营，而是面对一项崇高的事业。当我拿到《留香茶艺》《乐壶茶坊》编的教材时，又觉得新加坡茶艺馆已成为一所提高人们文化素养的学校，而这个"学校"是建立在长期习惯喝咖啡的国土上的。新加坡的华人，从喝"肉骨茶"的摊位到入座茶艺馆，再到携带茶具、茶、水参与"和谐茶会"泡茶无偿地给别人喝的过程，这就是一批茶人的先驱者们发扬"草根精神"，耐心细致服务的结果。通过二十多年的努力，让人们喜爱喝茶、品茶，又把中华绿茶、中华茶具推向这片不产茶又郁郁葱葱的国土。连你们国家的领导人也亲自参加了茶艺活动，你们的献身精神和努力赢得了尊敬。我也希望中国的茶人们有这种精神来促进中国的经济、文化建设。

浙江湖州前几天的气温是 3 至 5 ℃，今天上午的茶会是在 33 至 35 ℃的烈日下进行。两百多位茶友中有七十多岁的老翁，也有五六岁的儿童，有中国人、新加坡人、马来西亚人、斯里兰卡人和日本人，晒了一个多小时互相敬茶又自己品味，跨越种族又超越文化，这种场面，这种精神是非常感人的。也说明留香茶艺，在十年中苦心经营，撞得满头是包又得到如此丰厚的硕果。这种留香茶艺精神，也请来了国会议员吴俊刚先生和布莱德领社区的官员的参与，这不正是活生生的草根文化在茶艺方面的体现吗？8号晚上，我应邀参加武吉知马社区的茶艺活动，内容是请国立大学博士讲《半部论语治天下》，限定40人参加还要交费，可是座无虚席，会后的提问解答都很踊跃，这样的讲座形式是值得中国大陆的茶艺界学习的。新加坡的茶艺活动，已经像草根那样深扎于社区的泥土之中。

我从湖州来，如果安息在湖州的茶圣陆羽地下有知，他一定会对遥远的新加坡的茶人活动感到一种欣慰。现在不但有人类的地方就有茶，而且在科技发展和环境保护都特别被关注的21世纪到来时，尤其需要中华茶文化的精神来让这个地球和平、安宁、干净。

新加坡是多元文化的荟萃之地，有优越的条件把中华茶文化传播和组织得更丰富多彩。让我们一切茶人，都像一片茶叶那样，汲取各民族文化的精华，在时代的冲泡中，释放自己的才干，奉献给人类。

古琴、古曲、古茶　或忧或喜或时光

　　应邀第三次去南方参加茶会,这次是品宋代传统制法的武夷岩韵;欣赏七十多件自五代到清的茶具,再是听唐代韩愈所藏并弹奏过的一场古琴演奏。

　　琴名"太音",流传有序。弦是丝的,背面琴海四周精细地刻了历代收藏者的铭文。抗战时期流落越南,"文革"时在香港,后来又去了加拿大。只因收藏者顾炳皈依佛门,才把琴赠给在广州的胡先生。茶会上两位八十多岁的老人都来了,并请苏州的一位琴师用古琴弹奏了一曲《流水》。我是个音盲,琴音对我如对牛而发,但我一直凝视坐在我边上的两位老者:一位曾是香港高官又是加拿大博士的法师,一位镜片后面的双眼似睡似醒平静如水。韩愈操抚过的七根丝弦经过悠悠千余年又在中国最早开放的深圳铮然鸣响了,它知道这如流水的历史长河中,中国发生了多少巨变吗?

　　据知,"琴越五百年而断纹始现"。会后我请教胡老先生何谓"断纹"?只见他郑重起立,双手捧琴,低头用鼻子哼出一道气体在琴弦边上,虽是一闪而过,但黝红的漆面上立即出现像古松树皮一般的纹路。我想这就是古琴自己"写"的自传了。这琴音你听得懂吗?我摇摇头。他说:"这琴在我家已经藏了三代了,可我从来没有听懂过。只知道这曲《流水》已由美国播向太空去寻找外星人。真是,古人懂的,我们现代人反

而不懂。"他说的意思，我还是和琴音一样听不懂，所以我只能认为我是听了古董。

后来我去了虎门、番禺，拜访了叶文狼、林荣坤两位普洱茶收藏家。特别是林先生家藏数万斤的不同年代的普洱茶，在1997年茶叶国际博览会上他是中国第一位获得最高奖的人。中国大陆、台湾地区和韩国的电视台都采访过他。他还以以柱"千两茶"价值50万元在北京展示成为绝品。因为现今能喝到30年前的茶就算口福不浅，能喝上80—100年前制的茶，就是喝上"古董"了。普洱茶历来是父制子卖，愈陈愈香，而且保存不必密封，放在通风的地方任其自然氧化发酵。茶的药理功能对冠心病、脑血管硬化、脂肪肝、糖尿病、减肥保健都有神奇的作用，因而风靡世界。它让不少山区茶农像在角落里找到什么古董那样瞬间成为富翁，在湖州一向吃嫩芽的绿茶者，对普洱茶还非常陌生。只有少数人一见钟情，到处搜求年代久远的陈年普洱。

我在林先生家学习了两天，喝着不同年份的"古董"。面对醇厚鲜亮琥珀色的、泡了七八次还色泽不减的茶，我想也许正是世代物主朝夕一同呼吸，将或忧或喜的时光沉淀，才有这般的茶性与茶香吧；它愈陈愈香，是贮存的一点一滴的记忆，而由我凭藉了水去解读陈年堆积，去接触似曾相识却又难以理解的久远时空吧。

临行，林先生在一块很残破的茶砖上掰下一小块放在我手上说："这是上百年的，万一久咳不止泡一壶，喝了会好的。"我看着这块残损又脏兮兮的茶，似乎觉得以它的年岁对我们的生命有着一种同情；又觉得它的模样并非一种缺陷，而是和面对一切的古董一样，是历史的记录，是一种接纳，是一册读不尽的书，是我和它心灵张开的见证。确实，我喝了"古董"。

黄山茶里蕴育的人生

　　黄山,世界唯一的黄山。

　　黄山茶,松萝、毛峰、猴魁、祁红、凫绿、蕊眉……有火成岩般的厚重大气;有玉笋纤指般的灵秀妩媚。听听茶名就宛若一幅画图,是松石云泉俱美的黄山,未品先醉。

　　茶的母国是中国。茶种多,茶类多,茶名更是多。云贵高原的茶山犹如乔木密布的森林,巨干阔叶巍然而立,纷披的茶叶如热情外溢得令人不敢贸然接近。然而侠骨柔肠,倒出的却是千年沉香,在齿颊之间,都被嵌进了茶之源的历史韵味。江浙的茶山踞坐在清丽的流水镜湖之畔。一垄垄的茶树似精心梳理过的一头秀发,又似双臂,缠绵地勾住了山的脖子山的腰,这般的亲昵让人不敢去打扰。茶来了,似女子耳后的鬓丝、佯嗔微蹙的黛眉。经水一泡,她们都舒展了婀娜的身躯,闪动着明眸皓齿,散发着顽皮躲闪着幽香。让你迷幻,又难以捕捉言说。

　　黄山茶,单丛独簇地匐伏在陡峭的山坡上,少见大片的茶园,恰似浙江和尚或是黄宾虹大师随意从笔下散落的墨点,溅得通体厚重华蕴。又似明清的徽商,一个个背着包袱雨伞走在山间的小路上,独立生存,坚毅成长。黄山茶也便有了这种身骨,它不与云贵的茶比高大,不和江浙的茶比纤巧,拥着"吃饱石头馃,除了皇帝就是我"的豪迈口号,亮出了徽茶:松萝色绿,香高味浓;猴魁叶大,叶脉独隐红丝一线,便有啜饮不尽的香韵;毛峰芽壮,却似雀嘴啼唱,入水白毫显现如盛着一杯象牙屑粒;那

茶香

还有千年历史的祁红，先绿后红，像煞当年徽商，撑开一柄红油伞便遮没了一个太阳一般，红得发紫，紫得乌润清亮。一出国门，便教欧洲的人醉倒至今。

黄山人自古栽茶、制茶、运茶，把卖茶的商号一路北上开到皇帝佬儿的脚下。小小的一片茶叶就像溪水中的一艘两头尖的小船，载着文房四宝、徽派民居、木雕、石雕、砖雕，还载上了徽曲茶谣，载上了诚厚信义的商德进入了千家万户。黄山茶里岂止蕴育了一个茶字。

品着黄山茶成长的历代名人，能工巧匠何止千百。读写累了，啜一口茶，仰头闭目，让思绪游极八方；画倦了，咂一口茶，在墨池里添几滴茶汁，那墨便有了灵气袅动，那腕底烟云便翻卷涛涌、奔走如雷；雕琢累了，举起瓦壶灌上几口，鼓起肌腱，抢起斧凿，砖石木块便驯服地变成一出出戏曲、一个个故事，古花瑞草、福禄寿喜，飞上了门楣、斗拱、月梁。住在里面的黄山人便烧火做饭，繁衍子孙，读书入仕，出走经商……谁家没有水，谁家不喝茶？对门山坡上的茶棵，正默默地孕育着新根嫩叶，汲取着黄山厚土的精华，毫无声息地流进白墙青瓦的门第，淌进雕漆得金碧辉煌的木床上，渗进黄山人甜甜的睡境梦乡。

黄山还是那座黄山，然而黄山人变了。

黄山茶还是那种精神，然而黄山人与山外人的精神不同了。

黄山茶还是那么多，然而黄山茶产业化少了。

黄山人与黄山茶，一脉相承不能分家。

世界很小又很大。不少人已在住茶、穿茶、用茶。医药、食品、染料、涂料、纺织品中都在利用茶。茶的保健、杀菌、防臭、吸附特性已被人们用进婴儿的尿垫、男士的袜子、女士的内衣。茶芽已改变制成片剂、颗粒，冲泡起来更简便可口。整株茶树常年可以综合利用了，黄山茶农难道只卖茶芽？

旅游者手中的饮料有多少是黄山产的？每年争奇斗艳的包装礼盒

固然拥有市场,可是要出口呢?一台充氮机也会压垮了一家小茶厂。群龙要有首,合作力量大。黄山市飞机起降、电讯飞翔。明明是优质的茶,价格怎么不上扬?茶农们要产业化,用集装箱,建大的厂。商业竞争极其严酷,如果有一天沦为只卖青叶的地步,又能跟谁去商量。

"茶品如人品;品人如品茶",这十个字正读倒读都一样。品黄山茶时也品黄山的人。

黄山、黄山茶、黄山人。人的观念与时俱进,期望驾驭着昔日的辉煌,在中国茶史上谱写新的篇章。

去印度、尼泊尔喝茶

2010 年 3、4 两个月，我去了印度、尼泊尔和祖国的宝岛台湾，都是与茶有关的一次旅行。

印度最好的茶产在喜马拉雅山东北部的大吉岭。做成的红茶汤色不似一般红茶那么红中带黑，而是带琥珀色、香味浓烈的。他们习惯上是把浸泡的茶汤再加进牛奶、糖和柠檬汁一块儿喝。印度也产绿茶，多由克什米尔地区的茶叶炒制，此外还把茶树的枝叶提炼成透明无色粘稠、味道有如松脂的茶树精油，是印度人常用的香皂、面霜、除臭和消毒杀菌剂中的添加剂。和中国不同的是他们茶的包装很精致讲究，例如在锡罐外再套一个锦缎布色袋缀以丝绳或是用红木手工雕刻而成类似雪茄烟式的扁盒，图案都极细腻民族化，喝完了茶这只盒子就是一只首饰盒。里面的茶叶最多 200 克，一般是 100 克。小纸盒和竹编的扁包装还有 50 克的。有一种阿萨姆红茶里就混有豆蔻果、桂皮、丁香和姜。饮用时一定要加糖和牛奶，是极富异域风味的茶。再是像我们一条香烟的包装，里面分别是三小盒印度东北部大吉岭、阿萨姆和印度南端尼尔吉里的茶，这样包装的茶就称礼品茶。总之，印度的茶行销欧洲久负盛名，除绿茶外都要加进其他调料。好的茶 100 克是 25 美元，最一般的混有佛手柑油的茶 100 克是 6.5 美元。在选购时还要分别认清首摘和二次采摘的标识。这在我国的包装上是看不到的。也不像中国有的地方要规定统一包装，失去企业和商品的个性。

从新德里飞尼泊尔要一个半小时。它是个高原国家,安全检查直到跨进机舱前还有一次男女分开的搜身。主人好客,接机献花环,送机系哈达。沿途除了梯田看不到茶,因为从首都加德满都到中国樟木口岸只有 4 小时的车程,沿途有不少藏民的村落,竖着高高的彩色经幡,他们喝着从中国西藏或印度的茶。加德满都有条神圣的恒河,活着的人浸在水里清洗自己的灵魂;死去的人就在相隔几步的地方架起木柴焚烧,没有啼哭和哀乐,只在遗体上洒着鲜花,烧完了把黑色的灰往河里一推,生与死就是这么无声地贴近轮回着。恒河两岸几百米长的地方除了台阶供人沐浴,就是几十个焚尸台在忙碌,眼前就有 4 具遗体在冒着呛鼻的浓烟,而台阶边的山体上一个个不足 3 平方米的洞穴就是修行者的家。说是家,也空空如也没有桌椅,地上仅有一条毛毯的"床",传说当年禅宗始祖达摩也在这样的地方面壁是可能的。我遇到一位在喝茶的修行者,下体只一条围布,拿着铜的茶罐与茶杯。他很年轻,眼神明亮友善。我给他拍了照片,他似乎也想请我跟他进去喝茶,但以这么一条河中的水泡茶,我实在不敢受用。后来我又遇见了着装怪异,脸上涂抹着色彩的修行者,我拍了不少照片,并和其中的几位合影,赠送他们喜欢的清凉油。

尼泊尔的纳加廓特有一条作为世界文化遗产的巴德岗街区。建筑形式与家家户户门窗上的木雕记录着 13 世纪以来的东方艺术。街区的中心有一个誉为"露天博物馆"的杜巴广场。这个广场中众多各个时期的石砌庙宇与巨大的神兽座雕令人徜徉于古代的文化群体中,就在广场的一角有个独立的茶馆,底层卖茶和咖啡,中层是个文化展示馆,顶层供应着一般的印度红茶。

9 天时间往返于印度、尼泊尔之间。四、五星级的宾馆客房中都提供洁净瓶装水,但不供应茶叶。有一家宾馆里挂着一位日本旅客写的"一期一会"条幅,让我想到这儿对"茶文化"的词可能是完全陌生的。茶在这里也许就是解乏、解渴和宗教祭祀性的。几天来，幸亏我自己带去了电水壶、茶叶和英式转换插座，休息时，沏上一壶茶慰问一下自己在40至42度高温下的一天劳累，并胡诌了几句：

雪头盖顶竞风流，潇洒游走真自由。

动静相宜合阴阳，人生平仄是春秋。

言语不通心相近，点头含笑意也投。

茶味虽异茶缘好，做片茶叶绿油油。

洗尘涤俗问茶去

从江浙太湖西岸茶区到福建问茶，仿佛才告别了一位轻盈婉约的江南村姑，又握住了一位奇伟硕重的壮汉，这不仅是自然景色的变换，也是心灵的不同震颤。

一盏在手，在茶香的氤氲中，丹山碧水现出它的幻影；茶汤入口，那山的重，水的曲，茶性的温，茶人的敦厚似乎组合成一股气韵久久不散。既有别于碧螺春，更有别于普洱，所以建茶一出，陶醉天下。

由于地球气候和朝代更替的历史原因，建茶盛于宋，不可一日无茶的国人对茶的关注由江浙川转向了福建。又在茶叶生产制作与社会精神价值取向的共同作用下，相对唐代而言，对茶之形、技、赏、器等更为精细，成为中国茶文化史上一个鲜明的转折期，承先而启后，并对汉文化圈内的国家茶文化奠定了基石。例如，建茶有真香，"和美俱足，入盏则'馨香四达'"，就不必袭唐法加进盐姜与香料；日本崇敬的天目碗，虽取自天台，却产自武夷。福建的山、水、茶、人，宛如终年苍翠的闽榕蓬蓬勃勃浴雨栉风。

天下茶事莫不与宗教相互依存，宗教对茶业的促进也功莫大焉；茶饮对宗教生活自然添姿加彩。

道、释、儒三教合一相互影响融和，早在唐代就构成了"道冠儒履佛袈裟，三家合会作一家"的生动活泼局面。武夷彭祖、扣冰禅师、朱熹三位代表人物都以茶为魂；蔡襄、丁谓的茶著作和对茶业的发展贡献是对唐的《茶经》缺遗的重大补充。尤其当朝皇帝赵佶亲著的《大观茶论》中以建茶居半更是空前绝后。以三教色彩的观音、罗汉、大红袍、白鸡冠等为茶名，建茶的人文精神展现无遗。也正是这些因素影响着周边地域，远植台湾，化成一条由茶构成的民族血脉，一头在祖国大陆，一头在国外的一切华人。一块镌着"茶魂"二字的巨石，我想它指的正是这层意思吧。安溪虽缺少武夷山的突兀奇秀与水的曼舞流曲，可在那起伏连绵的丘陵上，片片茶园显示了观音菩萨似的慈悲心怀。让她带着安溪人甘露般的心乘风踏海而去，让天下人共品茶香，感恩自然。

既是宋代大儒又自号茶仙的朱熹说："物之甘者，吃过必酸，苦者吃过却甜。"为什么苦的茶在唐代就成了"比国之饮"被大家如此喜爱呢？他说这和社会人生"始于忧勤，终于逸乐"的道理一样，不过是他宣扬"格物致知"的一个小例子。另一位嗜茶的苏东坡，他"从来佳茗似佳人"的一句诗，让更多的人亲近了茶。可有人问"茶欲白，墨欲黑；茶欲重，墨欲轻；茶欲新，墨欲陈"是怎么回事时，他回答说"奇茶妙墨皆香，是其德也；皆坚是其性也"，他还说，贤人君子长相肤色各有美丑，难道他们的道德操守就会不同吗？以上两位大家说的都是当时饼形的"体之坚，沫之白"的建茶。他们将茶喻人，以人比茶。人们往往以草木之中有一人就是茶字的写法来说明人与茶的关系，却往往忽略了茶性的精神在人类心中的体现。尤其在今天，多元文化与经济竞争中的种种，茶德的重要不言自知。

碧水丹山武夷山的土壤、地貌、气候、文化积淀造成了岩之韵、入我心。我先后七次探访，尚觉新奇陌生。传说彭祖在武夷山以茶养生，其寿八百岁。扣冰古佛教示闽王"以茶净心，心净国土净；以禅安心，心安众生安"。

俗话说"病从心起","内不和则外感侵",健身先要健心。道清、禅和、儒正、茶雅,就是心茶与茶心互感之路:"禅茶一味"的机语也是先正其心。武夷有千年名刹天心永乐禅寺,初名是山心庵,其中都有一个"心"字,是巧合还是禅机所示呢?现代科学证实茶利养生是指其质而言,茶安静从容凝神,洗尘涤俗念,禅茶一味强调以平常心对待社会环境的一切。

福建山川之气凝于茶,人有气聚于胸。气聚则生,散则死,心平则气和,和则顺应天地大气利于延年,所说天人合一就是一个气的生态链,茶是互和的媒体。福建的茶产业不断发展,又是谱写茶史新篇章的开始。

性感浪漫的土耳其茶

　　土耳其这个国家在亚洲的最西部，一小块土地还划归于欧洲，南面又是地中海，所以它的文化是跨亚欧非三个洲的。它的首都伊斯坦布尔和中国西藏的拉萨都被称为是"微笑的城市"。土耳其和中国一样，把茶作为国饮，不同的是中国是茶叶的母国，而土耳其知道茶比 19 世纪的欧洲还晚，虽然他们在 1888 年（清光绪十四年）就从中国引进了茶种，1924 年（民国十三年）国会通过法律可以种茶。由于土耳其人非常喜欢喝茶，从 1939 年的 5 250 亩，发展到 1985 年，就达到 150 万亩，2004 年的人均消费的茶叶量超过了英国。现在它每年的产量超过 100 万吨超过了印度。但是他们生产的红茶几乎全部自销，出口只占 5％，并且以征收进口关税 145％的办法限制它国茶叶的进口。

　　土耳其人不习惯喝绿茶，在家庭和社交生活中和中国一样茶无处不在。全国从大城市到山乡城镇到处都有茶馆，不同阶层不同性别和年龄的人，从早晨一个芝麻面包圈、一块奶酪和几颗橄榄加上一杯红茶就是最地道的早餐；中午，一块夹着厚厚奶酪、烤肉、生菜的面包加一杯红茶是上班族的中餐；晚上在丰盛的烤肉之后没有红茶不会结束晚餐。你到哪里洽谈商务或访友，都会有人微笑着递过来一杯晶莹的红茶，虽然他们并不知像中国那样有许多茶的文化内涵与习俗，但对土耳其人来说，繁忙的生活中总有坐下来喝杯茶的工夫，正是茶在传递、维系着人与人之间的亲密友善关系。

土耳其人喝茶不像中国人用开水冲泡的喝法。他们用一大一小的双层茶壶。大壶盛水放在炉火上,小壶只放茶叶放在大壶上,等水烧开,上层小壶中的茶叶受热发出了香味时,就把大壶中的水注进小壶里,待茶叶泡开,经过过滤网倒进玻璃杯里,根据各人浓淡的要求决定添水的多少,这样,如葡萄酒一样清醇的可口红茶就调制出来了。如此,再将大壶中的水加上,把小壶的茶叶加上,循环品饮,客人不走,炉火不熄。与欧洲人喝红茶不同的是他们不加牛奶和柠檬。方糖是必须的,因此,杯子里总有一柄小勺,用来搅和沉淀的糖。

　　茶为国饮,以茶为礼,这在中、土两国是一致的。一般说,土耳其人不会把茶泡得太淡,那是很不礼貌的。碟子里的方糖由客人自己加,杯中的茶水喝完了,主人会为你再倒满。如果你不想喝了,就把勺子横放在杯口上,意思是"够了,谢谢"。所以,外国人去土耳其学会浓茶(koyu)和淡茶(acik)两个词很有必要,这样,主客双方都方便而不失礼。

　　土耳其人因为喜欢吃烤肉、奶酪、甜食等高热量和脂肪的食物,体型一般都肥胖。尤其女性进入中年后丰乳肥臀又柔软灵活的居多,所以他们离不开红茶的消脂、养胃功能。他们也有许多花茶、果茶在供应,但传统上他们认为只有红茶才是真正的茶。因为红茶的红色和他们的国旗主色一致,又是国花郁金香和家居地毯、窗幔的主色。红茶宝石般的清澈透明,像他们热情善良的脸庞,茶的味道和热气犹如地中海的阳光男人和肚皮舞女郎的性感浪漫。而他们玻璃或水晶的茶杯是郁金香花形状的,上面用金线勾勒出伊斯兰风格的图案,或利用折射的棱面展示出茶汤的透明和红艳,高级的茶具还在上面镶有水钻,一杯在手,光欣赏这种精美的茶具也是一种享受。可以想见在终日不断的茶勺与玻璃杯的清脆碰撞叮咚声中,喝出了三个大洲文化交融的一块土地,喝出了一个温和的穆斯林国家,是多么富于遐想的品茶趣味。

我和爱喝各种茶的土耳其姑娘赛芙达相遇，她曾在伦敦打工，又在美国一家韩国的餐馆打工。我们品茶，交流着两国喝茶的种种习俗与故事。她爱茶，要和我合影，我们端着手中的茶杯，微笑着，我们在异国成了茶的知音。

闲看小虫忙

七八年前吧，我兴之所至，抓起一把紫砂茶壶的生坯，就在上面刻了三四只小蚂蚁在觅食，题字是"闲看小虫忙"。

人往往会在无意间完成一件有意思的事。因为这把壶被人写成了介绍文字发表，影响到有茶人取了"茶虫子""蚂蚁""闲虫"等茶名还印成了名片。后来我就应约不断刻着同样的算来有几十把壶了。有的茶友还发生了争执：为什么给你刻了五只，我的只刻了四只蚂蚁？直到最近，我还收到来自贵州的茶友礼物：一个晶莹的手机挂件透明的球体中，竟然是一只当地棕红色的蚂蚁，她知道我与蚂蚁的故事，让我打心底里欢喜。

在许许多多的茶人中，我给自己的定位始终是一片茶叶；在好茶中显不出坏，在变味的茶中也显不出好；在一杯芳香的茶汤中也有我的一份贡献。没有什么身价的我忙活了这些年，一是自由自在不为名利所累，颂毋喜、谤无辩；二是茶的熏陶使我茶缘处处，不赊不欠。说白了，茶文化活动就是提倡喝茶防病保健延年，就是认识茶文化的内涵提高个人素养有利社会安定祥和。再就是促进茶业经济发展，进一步发展茶的科学综合利用到人的衣食住行方面，把千把年的农耕饮茶方式变为科技用茶。这样，唐代陆羽写出了第一部《茶经》，我们这代人就要继续写出第二部《茶经》，这才叫"薪火相传""发展是硬道理"，继承绝不是重复。

当代茶圣吴觉农先生的长子、中国前驻牙买加大使吴甲选先生在山东潍坊我的艺术馆里问我："你这头一字是闲，后一字是忙。这到底是闲还是忙呀？"这一问始料未及，我好像在不经意间闯了一件大祸似的，引起了一种思考。为文，我喜欢无拘无束随性而发的散文，文散神不散，那是犹如冷水浇背时真实情感的喷发；作画，我偏爱包括笔墨在内的一种情趣表达重情不重技；品茶，追求的也是一种散淡闲适的异趣。生活中没有或缺失情趣的人，就像一具提线木偶，从大脑到语言、行为，全被别人操纵，哪里还有一个"我"在？现在不少人喊忙，生意人想的是货款进出中的风险得失，官场上想的是对哪个位子的打点谋取：他们在谈茶论水打哈哈的同时又存在警惕防范与戒备……看似闲散可连觉也睡不踏实，内心比谁都忙。另外也有一些退休单身的或留守空巢的老人，他们或相约游走聚会、下棋打牌，或忙着一日三餐鸡舍猪栏忙得不亦乐乎，可他们心无挂碍，饭香梦甜。所以我回答吴老：心闲才是真闲。这和品茶一样，有的人品的是一杯中茶叶的好坏特色，有的是在品味茶外之味、茶外之茶的大社会。假如宇宙中真有个上帝看着地球，他看到的一定是一群拥挤又忙乱奔走的各类蚂蚁，不同的只是心态。

那天所以会刻蚂蚁，许是刚刚读罢一则惩治贪官的消息。觉得人类在某些地方反不如蚂蚁。它们同心合力的团队精神不会有权力之争；它们也绝不会因单独找到一粒饼屑，会忘记公平享受而偷偷吃掉。也许不少垂青"闲看小虫忙"茶壶的人看到了几只蚂蚁，就比我有更多更深的感情联想。品茶玩壶看蚂蚁，忘记了茶名壶形，只觉自己也成为蚂蚁的一员，形忙心闲地对待生活了。

闲耶？忙耶？你心里明白。

微微一笑　心中的莲花就开放了

2012 年,在我们的生活中,从国家到个人都会发生很大的变化。茶、禅和养生这个话题在这里提出来,虽然看起来它是一个很局部很个人的话题,但是人人都懂得,大石头没有小石头砌不成墙的道理。千千万万个细胞构成了人体,不同的男女老少组成了家庭,而全国无数的家庭就是国家的细胞了。每一个微小细胞的健康,都关系到一个整体。因此,无论物质方面和精神层面,56 个民族的 13 亿中国人生活中都离不开茶。凡是世界上有华人的地方就有中国的茶,这样,茶就放在了最前面。

禅,乍听起来它是有深厚的宗教性质,属于佛教的范畴,而且似乎深不可测。眼下有人说,中国人现在都很现实,除了谈钱就是在说禅和古琴。这种说法也像物质和精神的两极,一个是钱不是万能的,但没有钱是万万不能的;一个是认为禅是虚无飘渺的。几个人在一起喝茶,听听那莫测高深,似懂非懂的古琴声,好像非常超脱文雅又穿越了时空回溯到了两千多年前的汉代、晋代。我想,生活中有这样的表现都不奇怪,因为每一个人在这个世界上所占的空间和占有的知识量是极微小有限的。人自睁开眼睛开始,他的感觉器官与大脑的思维就一直处于一个探索的过程,加上社会的生产方式和生产力、环境和受教育的外来影响,就发生了各不相同的意识形态、观念和信仰。禅这个字是古印度语的一个音译,

泛指是一种智慧的思索，不仅在佛教里有修禅的功课，在道教那里也同样采取坐忘、存思、守一等方法来思索改变生活，达到强身健体，祛病延年的功效。对于宗教徒来说，他们有各自的思索目的，而对我们大多数的人来说，通过禅的思维，辨别善恶、美丑、是非，达到心情愉悦，乐观向上，心宽体健就可以了。那么为什么要把茶与禅而不把酒与禅放在一起呢？酒的文化也源远流长，在中华文化史上它的作用也是有史可证的呀。只是世界万物和每个人的性格与基因一样是不尽相同的。茶和酒的性格不同之处，集中而言就是茶是愈饮愈冷静；酒是越饮越兴奋。冷静出智慧，兴奋趋暴烈。人的本原就是一生下来就会吃，吃东西为活命，活命为了繁衍后代。除此之外，吃穿住行的千差万别都是次要的。人到一定年龄就要谈婚论嫁，这是人生大事，古代就用"下茶""受茶""合茶"的方式来联姻，因为过去茶籽一旦落地就不能移栽，这是法律未成熟之前的民间大法；等到结婚当天或生了下一代满月的时候，就要摆兴奋热闹的喜酒、满月酒。就是对待老人入土之后，也要办酒，红喜酒和白喜酒，它是人生的开始和终结。"茶出智慧酒壮胆"这句话最明白地揭示出茶与酒的两种特性。

现代的生活中，人们共认的一个视点就是浮躁二字，也就是说人心不安定不冷静和盲目成分多。大家可以看到，随着生活节奏的加快，人际关系的复杂，以及独生子女和老龄化的社会现象，还有法制法律不够完善造成的种种纠纷越来越突出，我们的周围出现了两类人群：一类人为了生计、家庭、事业整天地烦躁忙碌。例如城里的上班族、农村的打工族，还有许许多多的小商贩、依靠回收废品的人群，他们似乎没有什么时间空下来享受一杯茶放松一下自己和思考一下"我"的存在，他们承受物质与精神的压力都很大；另一类人则有大量的空闲与时间，如退休老人、有钱的单身男女、农村中留守的老头老太。他们渴望有亲人的关怀，有地方去交流与倾诉，他们不希求物质的多寡，要的是排遣孤寂和得到心灵的慰藉。然而,摆在他们面前的又怕遇到花样繁多的诈骗,人与人之间的信任感成为了生活中的一种危机,这样的生活不可能有健康、宁静和安定,达不到养生的目的。我们提倡茶与禅思的活动,就在于我们每一个人对茶这种饮料是最熟悉和亲近不过的;对禅,我们一旦明白它就是我们生活中无所不在的,你只要改变一下思维或观察的角度,你就会发现对同样的一件事,突然会从忧变成喜,从愤怒变成快乐,你的心情一旦愉快了,你的烦恼一旦消失了,胃口开了,饭也吃得有滋有味了,你的身体还能不健康吗?

茶就是一片片普通的叶子。它从采下来之后经过晾、炒、搓揉、烘焙等等工序变成了成品茶。看起来它从离开母树那一刻起就死亡了,可是我们拿水一泡,每一片茶芽叶片又在水中舒展开来,舞动起来,不但活了过来还释放出香味和许多有利人体健康的营养。你泡呀泡的,它也就一再的奉献奉献,这难道不值得尊敬与学习吗?“我是一片茶叶”,这是我常说的话。一是个人是极渺小的,人生也是短促的,每个人都是一片形状、气质、才华不同的茶叶,是社会把我们泡在上海、广州、北京等不同的地方,这样我们才能共创一个城市的芳香,我们之间因缘分而相聚,为什么还要彼此不信任甚至争斗呢?一片茶叶不被泡是一种浪费,我这片茶叶今天被泡在这里,我们彼此不是很和谐吗?你要是承认你也是一片优质的茶叶,你也可以大喊:“你们来泡我吧!”这泡,就是对人生的一种奉献的态度,也在体现着自我价值,也正是我们当下最最需要的。禅是利己又利他的一种生活方式,它的根基就是人人都希望的善与爱。你希望别人善待你、爱你、泡你,你也从善与爱的基点出发善待和尊重爱护别人。那么什么是“当下”呢?不是现在的一段时间,最近的一个月一星期,有位智者告诉我:“当下就是指雨点落在地下的积水中,溅起了泡又破灭的一刹那叫当下。”也就是说不能等待的那一刻,豁然开朗,把烦恼的包袱,放下了就自在了,这就是一种禅思。再说,我们喝茶要从茶壶斟

作畫圖

到杯子里后趁热就喝,那才能品味到茶香、茶味。你把杯里的茶喝干,茶艺师又会把新的茶倒满你的茶杯。这小小的一杯茶的喝与不喝也往往能从禅思的角度观察到一个人。有的人在日常生活中喜欢讲身份,摆架子。坐的位置,说的话,待人的举止都有点做作、计较、刻意。这就像一杯放在手边而不去喝的那杯茶,老是想着自己的职务、头衔、什么级别,名望如何如何,你还能不断喝到新的热的香的茶吗?你放下了身份架子,你虚心了,你才能从一起喝茶的朋友那里听到不少新知识,了解不少新问题,对你工作、生活会有帮助。因此,把茶杯里的茶喝空,也就是人生的一种放下的禅思,你不故意做作,也就不会生活得很累。你在大家面前平易近人,跟人家融合一片,你就快乐自在。一杯茶的喝与不喝之间的当下时刻,这也是生活中的禅。再说:一杯难得的好茶刚倒入杯子时你的手机响了。为了礼貌你出门去接听回来发现杯子里的茶汤已少了一半。这时就会有两种态度:一是环视众人,责问是谁倒了我的茶?把每个人都当成了嫌疑犯似的,情绪对立;另一种态度是和和气气地端起半杯茶开心地说:"谢谢,还给我剩了半杯。"这后者不仅表现出爱茶人宽容大度的修养,也表现出对茶重精神不重物质的态度,表现出众人品茶在于"和"的内涵。禅者的思维和生活方式就是这样:微微一笑,心中的莲花就开放了。我们构建和谐社会就是要更多的微笑。我看过一部台湾早期的电影,片名就是《微笑》。说一个大学里有一位非常出色的女生让许多仰慕者以各自的方式追求着。其中有个男生对她始终没有什么表示,只在见面时给她一个真诚的微笑。几年过去这位女生就嫁给了这个微笑的男生。女生说:"那么多人的追求呀、送礼呀什么的,太多了我都记不住谁是谁了。而他只有一个微笑与众不同,这个微笑是真诚发自内心的,我读懂了,所以嫁给他我才踏实。"在禅学里,讲的就是不立文字,直指人心。人的思维都由心在指导,就是人的相貌,也有"相由心生,相由心改"的说法,为什么在许多影视片中,不少小孩子也会大致区别出好人坏人来呢。在茶学上，我们讲的茶与心相交流的"心茶之路"，讲的是"一期一会"，就是在人的一生中，几个或一群人能在一块儿真心相待、抛开世俗观念的喝茶，这一次在一起，以后也许就是不能再重复的，所以都要真心与珍惜，都要真心感恩有这么个机会的相遇。

从我们的祖先开始直到现代，茶这种植物一直是作为健体养生的药材的。人类有个共同的特性，就是某种东西与人类生存有密切关系时就会自然地产生对它的崇拜与信仰，譬如太阳、山河、树木，中国人崇拜神农氏，说他是五谷之神，当然也包括茶。《茶经》里就说茶始自神农氏。但中国各产茶区不但茶树的形和质不一，所供奉有名有姓的茶神就有五六位，这恰恰证明茶源于中国，茶的价值是有利于民众的健康。西北牧区和西藏同胞不可一日无茶，云南基诺族还把茶奉为他们的祖先。茶与道家、佛家如此的亲近，正是茶的特征是至清至静，利思利健。它的这种特性成为世界东方汉文化区的人民生活重要标志。日本文化总代表的茶道，就是通过茶的媒介，影响到国民生活的各个方面；韩国普遍实行的茶礼活动，不仅在城市乡村中开展成为习俗，就是在从幼儿园到大学的生活中也作为提高国民素质的教育手段了。茶的生态是终年常绿，不怕风欺雪压年年苍翠；它宠辱不惊，简朴无华，在任何容器中都奉献出它的本质。它以一片小小的叶子传承着中华道、释、儒、隐的文化哲思。今天的我们，就像石磨一样，我们和大众一起在被生活的磨盘久久地磨合和融和之中。在摩擦中有得有失，有舍有得，许多是是非非在磨合中此消彼长，也就是生活对我们每个人的磨炼与提纯过程。我曾作过二首茶偈，被海内外报刊转载。偈就是佛家说的偈语，也就是把话说完了，最后唱两句作为结尾的话。我是这么说的："合则聚，抵则避，少是非，吃茶去。颂毋喜，谤无辩，平常心，茶中练。"我主要是指的人与人的相处最难，难在知人知面不知心。俗话说"做人难，人难做，难做人"，尤其眼下不可避讳的信仰、道德、信任存在问题的时候，会带给自己很多的不安与烦恼,有些还是自己有意或无意带给人家的。那么怎么办呢？我想合得来就聚在一起,合不来有抵触就主动避开,避开了也不要背后议论抱怨,目的是少是非。赵州和尚说的"吃茶去"三字禅不是要你真的去吃茶,是要你自己去思考想出办法去自己解决,让时间和事实来检验是非。在生活中,有一种人专门爱在你面前说你的好话接近你、奉承你,那么你就"颂毋喜",也因为你做了本分的事没有其他目的,不值得有什么称颂的。也有一种人出于不同的原因嫉妒打击诽谤谩骂中伤你,他也有不同的目的或是你自己的原因引起了误会等等,你就来个"谤无辩"。沉默是金,相信事实和群众心里的一杆秤。也许过一段时间他也会觉得是他自己错了,所以你听到什么也不必去辩解,以一颗平常心去对待。你心平气和,肝肾调和,就不会因忿忿不平失眠或心动过速而有损健康。隋唐两代交替时有位永嘉禅师说:"心与空相应,则讥毁赞誉,何喜何忧?"用现代的话说就是说你好或坏,你根本不当回事就没有喜欢或烦恼。用土话是:"聋子听不见狗叫",还是个不理睬的意思。这样对方也就无计可施了。那么平常心是什么呢?平常心三个字是对内心对思维功能的进一步阐释。这是唐代江西的马祖道一禅师提出来的。马祖道一对同时在南昌的陆羽影响也很大。陆羽《六羡歌》中说的"千羡万羡西江水"的西江水三个字就出自马祖道一,指的不是什么水,哪条河,是泛指佛法的代名词,后来也被苏东坡等许多人引用。平常心的平就是没有等级区别,没好没坏,包容一切;常就是时时刻刻常在心里也遍布一切地方;心就是原本不被污染的心地。马祖道一说"平常心是道"的道,就是指一个要常常保持并经常用真心去处理生活问题的一种法则。

关于平常心,我再举一个例子:2009 年在东莞的"文化周末"紫砂文化的讲堂上,一位听众问我:"我有一把老的紫砂壶,过去不知道壶的珍贵就用来天天泡茶。结果把壶盖的内墙磕碰出好几处缺口,你说它还值钱吗?"我听了回答他:"我先请问你,你的爷爷奶奶、父亲母亲,他们年纪大了,牙掉了,耳聋了,你说在你心中,他们还值钱吗?"停息片刻之后,台下鼓掌大笑。其实这就是个平常心的问题。茶壶的最大功能就是用来泡茶的。年长日久磕碰受损不仅是事物的必然也是岁月的痕迹和记录,证明了它的确是把有年头的老壶。可是现在,他对壶的心态从一把普通的茶具转化为一件价值多少钱的古董了;对自己也从茶壶的主人转化为壶的奴仆了,小心保护供在那儿再也不敢用了,生怕再碰坏了会影响它的价格升值。壶没变,人没变,只是心变了,平常变得不平常了。在生活中,在收藏界,在书画家那里,类似这样的事太多。一心想走仕途的,成天盯着位子怕被别人占了,想如何上下打点铺路,估量着、假设着竞争对手的能量与人脉关系;想出手藏品的,盘算着编好一个让人相信的故事,找一位资深的名人题上几个字就可以变假为真等等等等。他们的一颗心始终不能坦然、不会平静。这样的昼夜不宁,想心事自找麻烦,他能健康吗?从以上的例子中我们可以知道保持一颗平常心是多么重要。知道了禅思不过是平常所讲的一种心境,知道了茶不仅是一杯水加一撮茶叶那么简单,明白了茶的文化内涵和对人的思维、身体的健康作用,更了解了茶与禅不是玄玄乎乎有什么奥妙,因为它就贴近我们的身边和心里,活跃在你的一转念头的那一刹的当下。

大家都知道美国苹果公司的创始人乔布斯在 2011 年 10 月 5 日去世了。由于他创建了苹果公司不断推出了一代又一代的笔记本电脑、手机让我们这个世界上的人的生活发生了前所未有的变化。可是你知道他的办公室是什么样子的吗?有一张照片证明他屋里的中间只放了一个打坐用的垫子、一盏台灯和一台音响。他说:"我独自一人,所需要的不过是一杯茶。"原来,这个乔布斯从 20 世纪 70 年代起就在一位日本禅师乙川弘文的指导下坚持每天静思修禅。禅的"不立文字,直指人心"在乔布斯那里变成了一种独特的技术和设计思路。他的某些产品,外形也极其简单,使用者不必按钮,所见用手一抹就行,这就把"直指人心"变实体化了。他的禅修老师告诉他："如果你把每一天都当作生命的最后一天去生活的话，那么有一天你发现你是正确的。"所以，这其中也牵扯到一个信仰问题。

我前年在印度、尼泊尔看到恒河边的修行者们住在山洞里，几块布几个盆碗，过着简到不能再简的生活，可看上去他们都很快乐与自信。我还看到了八九处用木柴火化尸体的人们。他们没有痛哭没有哀乐和繁琐的仪式，只在裹着白布的尸体上撒一点花瓣。等烧到差不多了，把尸体和木柴往河里一推。这样，死者走完了人生的路。

我还看过一部外国记者拍的纪录片：三位藏民告别家人以三步一跪全身着地的磕长头的方式去布达拉宫朝圣。他们三个人轮流拉着一辆车，车上是生活必须品。他们走的是小路，其实没有路，翻山过河、天空骤变的艰难不去说它，其中有一个人半路还病倒了。然而他们以自己的身体长度用了三个多月终于丈量完成了一百多公里的行程。当他们在布达拉宫的广场上磕完最后一个长头时，他们那种眼神和自然淌下的泪水，让我非常非常震撼，感到信仰的力量是无法估算的。正因为有了信仰，我们的先烈们才会前仆后继给了我们今天的生活。

我也三次去陕西法门寺参加国际禅茶会议，有一次正逢新的住持升座大典，在一片广场上跪着上万名从四面八方赶来的信众，他们对佛的那种虔诚安祥的神态也让我震惊信仰的力量。不尽相同的信仰都是人们心中的一盏灯，把它点亮，就累不倒、压不垮，就有快乐与健康。

我们在大中等城市中生活，在充满噪音的"水泥森林"中，触目所及是光怪陆离引诱你掏钱的各式广告，人们拥挤在公交或地铁里等待红绿灯和到站，露出了戒备的眼神提防着自身的安全，四周还有隐蔽的摄像探头在罩着你……如此这般，情感和信仰都来不及考虑也容纳不下了，你也就丧失了一个自我。说了这么多，大家想一想，我们端起茶杯的时候，是在喝水解渴吗？是在品尝茶叶的滋味吗？这都是对的，但也不一定都对,因为有的人是在忙中偷闲,泡上一壶,在一刻钟或半个小时内,想想"我"的存在,想想自己在生活中还有不少的情趣,还有只有自己才能偷着乐的一点小事或隐私,都不是触犯法律危及他人的事,这种境界,你手中的不是水,也不是茶,而是一壶人生的滋味。

有了茶,有了越用越圆润泡茶的壶,你已经不自觉地进入到禅意茶香的一种快乐,这就是一种生活快慢节奏的调节;一种浮躁与闲适的平衡、一种失落与欣慰、一种无序的生活和一种充满信心的能量。为什么苹果公司的那个苹果标志被咬去了一块? 这就是禅思中的不求圆满。任何东西一圆满,它就停止发展了,也不要轻易地崇拜一个人,崇拜一个人或把一个人捧成一尊神,那样的话,他就死亡了,不值得研究了。因此我们不要轻易说出某件事的圆满二字,只有不圆满才有努力的探索。哲人说"存疑求知",或"在不疑处找疑"。你独立思考,追求解开了疑处,就是你的发现创造。

茶是你亲口品味的,禅意是你用心感受体悟的,两者都是一种实在而不是任何的形式,这也就更明白茶与禅对于我们健康人生中的那份亲切。只是它们和宗教有一点微微的不同,那就是我们 24 小时都在滚滚的红尘之中,不像宗教徒那样有青山绿水或是肃静的庙宇殿堂。他们也没有像我们一样老是在说好说坏之间还得为种种目的去应酬、奔波。我们只是提倡和要求人们每天能够享受自己或他人为你泡的一杯茶,有片刻的时间想想茶的奉献,和"我"的存在。只有在禅意茶香中拥有属于你内心的那分宁静,你就是充满喜悦的人。你在没有波澜的一碗茶水中,看到了只有宁静才能映照出你自己的闲适的内心和面容,就像一面镜子永远不会欺骗你,那样你也会对你的下一刻,也许是明天作出很理智和充满智慧的决定,那么你就永远是一位有志气、有智慧、有自信、有情趣的人。一位有利于事业、有利于社会的人。说到自信,你在娘胎里就已经具备了。父母在做爱时,上亿个精子奔向母亲子宫中的一颗卵子。在竞争中，是你跑在了最前面，因为你最健康、最智慧、最优秀，这也才有了你这位冠军的诞生坐在这里，听我说话，这不是嬉皮调侃，而是严肃的科学。李白的"天生我材必有用"，毛泽东的"数风流人物还看今朝"都是一种自信的表现。一个人的生命有长短，要有一种自信的基础，享受的是一个人生旅途的过程。凡是病，都是你自己吃出来的；烦恼是你心里长出来的；健康是你自信和忙闲平衡中得来的，我希望大家快乐健康长寿。

我们原本就是快乐健康和谐的群体。茶与禅不能解决社会和生活中所有的矛盾，但是可以让每个社会细胞更健康，对我们的身心有益。明白一个社会的安定和谐对每个人、每个家庭是多么重要而努力去维护。那我们就吃茶去，去享受人们本应有的生命。

一把茶壶三个嘴

茶壶出世至今有五百多年的历史,通常实用的都是一只壶嘴来出茶汤的。有一种左右两只嘴的壶,是仿商周青铜器的式样,实用上不很方便。近读宋代禅书《颂古联珠通集》中,记有三嘴茶壶诗一首:

> 一口吸尽江南水,
>
> 庞老不曾明自己。
>
> 烂醉如泥胆似天,
>
> 巩县茶壶三只嘴。

"一口吸尽江南水"是从唐诗"一口吸尽西江水"化过来的,唐宋及明代文学作品中常用"西江水"的禅语比喻佛法禅意来说广大之意。"庞老"在禅典中也多次出现,是一个醉心于禅理的人;"巩县"是指今河南巩县,诗人杜甫的故乡,也是古代产陶瓷的地方。诗中故意把"西江水"写为"江南水",又把茶壶做成三只嘴的,来说明这位庞老头像个醉汉,把不该有的事都搞颠倒了。

那么,这首禅诗究竟说的是什么呢?因为禅学是启迪人的智慧,从禅机中领悟道理的。这首诗表面上说的是壶,实质是在说人。在生活中有一种人最喜欢张长李短地搬弄是非。这种人往往以为自己聪明,处处装扮热心人或关心他人比自己还重的好人。在甲面前说乙怎么在说你;

又到乙面前说甲又是怎么说的,把自己扮成刀切豆腐两面光在讨好。更有甚者,在搬弄中还加上自己主观臆测,无中生有添油加酱地进行挑拨……这类人到哪里都很快会把一个团体、部门搞得人际关系不和,而他(她)却在其中沾沾自喜,自以为得计。这种人的多嘴就像一把三嘴茶壶,既不实用又损人不利己。日子一久,人们都看出这类人的真面目,赠以外号:三嘴茶壶。一个部门或单位中有这么一把"壶"是很麻烦的。

生活中这种横生枝节、化简为繁、无事生非的人在我们身边是常见的。有感于此,我也做了几把"三嘴茶壶"赠友自娱,壶身上除刻了上面的古诗外,也刻了自己写的几句话:

> 三嘴茶壶非虚张,
> 冷眼详察在身旁。
> 禅家无言低头笑,
> 天下自有空多忙。

识破三嘴壶,社会有和谐。

印第安茶　不同的人生滋味

　　2013 年 5 月 18 日,我到了美国西部亚利桑那州的一个受国家保护的印第安人聚居的领地华拉派,它在 1883 年建立,1988 年对外开放。

　　印第安人是欧洲人在进入美洲大陆之前的主人,而印第安人的祖先经查证是亚洲蒙古人种的分支。大约 5 万年前的人类遇上了地球变冷期,以放牧为主的人们难于忍受草木不旺的艰难,为了寻找新的牧场,其中一批人就踏上了向东北方向迁徙的漫长之路。他们越过了当时水面不宽、海水只及腰部的白令海峡到达了阿拉斯加半岛。在这里一批人留下来成了以渔猎为主的爱斯基摩人;另一批人继续南下就成了印第安人。再后来,欧洲白人进入了美洲大陆,以他们的文明和武器迫使印第安人退居到了贫瘠干燥的沙漠荒野中,在用草和泥土垒成的窝棚中生活。美国建国后,对他们实施了保护的政策,他们也逐步享受到现代科技和文明的成果,但他们依然保留着许多本民族的语言及生活秩序和习俗,就是一直没有本民族的文字。他们中的一些人说:"我们不要什么保护,我们仍然像一个国家,因为这片土地原本就是我们的。"随着一代代人的变化,现在他们使用英语交流和书写。

　　两个多月,我从东海岸华盛顿、纽约一路走来,看惯了绿野成荫的城市到了这片红色沙土的高原。几十公里的路上除了一望无际的一簇簇高不及膝的蒿草野艾之外，就是一种叫做"约书亚"的树。这种树不过两人高，身上长满了尖刺的叶子，像一个人站着双手向天，就像耶稣张开臂膀向苍天祈祷，才以《圣经》中的这个名字命名的。它只适宜在沙丘中成长，除了作燃料外没有其他用途。这里的人就像美国描写的西部牛仔电影一样：头戴卷边礼帽，足蹬马靴，阔皮带上吊着两把左轮手枪。骑着一匹高头大马，看上去都魁悟有力，男人味十足。在他们的超市中有各种现代饮料，就是没有茶叶或茶水饮料。我在早餐时问一位叫当顿的老人有没有自己民族的茶，他说："茶吗？有的，现在的人都已经不喝那种茶了。"我说我想看看。只一点点就可以。他转身问了旁边的几个人，都以摇头作答。当顿（上帝礼物之意）说：来吧，我带你去采。才几步路，我们就踏进了荒野，我心想，这里会有什么茶啊？老人很热情：你跟我走，不要去踩那些地上的洞。现在是响尾蛇孵小蛇的季节，会惹麻烦的。走了十来步又说：这是野兔的家，那更大的是土狼的窝。突然他指着一丛脸盆大的棘刺灌木说："那哇就茶（NAVAJO TEA）。"这是一尺多高白色细枝多刺、筷子般粗的灌木，只在每枝的顶端长着一小撮只一公分的绿色针形叶。枝条上没有叶子，有几颗橙红色仁丹大的粒果。他说："把叶子采下晒干，用锅子煮了就是茶。它很苦，要加蜂蜜；也不能多喝，因为它会让人很 HIGH（音嗨，亢奋的意思）。"我折了一支回来，给他拍了照片。这时。一个英俊的牛仔骑马过来说："还有一种也是我们的茶，我去采。"说着调转马头，两腿一夹，飞驰而去。才一会儿他就回来了，举着一把细铁丝般的绿色枝条递给我说：摩罗茶（MOLO TEA）。因为我们的举动引起了一些人的围观，年轻人还指着茶问大家这是什么东西？一位年纪更大的长着大胡子的老人也走了过来，拿着两种植物向人们讲起了过去喝茶的事。后来我们知道骑马的叫乔希，老人叫阿卡什（天空狂野之意）。他们还热情地为我们煮了这两种茶，向他们道谢后，我把两种茶放进了背包，要带回中国。

我几乎尝遍了世界各地产的茶，没有想到在美国的西部，在印第安人如此荒瘠的土地上居然寻访到了"那哇就"和"摩罗"这两种形状不一、其性味相似的茶。它的苦味和带来的兴奋与快乐，和世上所有的茶一样，都像让我们在品味着人生的滋味。

倒来倒去和拿起放下

　　2012年秋在重庆温泉镇召开的中日韩马四国的禅茶会议上，我主持了四国代表参加的一场茶道、茶艺见解发言后，我以调侃的口吻说："各国嘉宾各抒己见，看来既是表达了各国包括中国台湾代表在内的关于茶文化生活丰富多彩的观点，也说明我们没有必要，也没有办法对茶艺、茶道能达到一个统一的认识或解释。就我个人而言，认为就是喝茶解渴，品茶舒心；茶道就是倒来倒去，倒中有道；茶艺就是拿起放，个中有禅。大家想想，在我们的人生中，不是一直被别人倒来倒去，我们也会倒着别人吗？喝茶的动作难道能够不拿起和放下吗？"

　　谁料，事隔两年，"倒来倒去"和"拿起放下"几个字在微信上传来传去，加上"我是一片茶叶，你们来泡我吧"的话成了一种茶友间的玩笑。细细想想：倒中有道，放下也难，是一片茶叶没人来泡更是悲哀。

　　一个人从小到大，几乎都是被父母、老师、上级摆布着的；自己成为父母、老师、上级了又去摆布人家。这就像把水倒进壶里，壶里的水又倒在杯里、嘴里，人生如茶可以讲滋味，也可以讲过程。每一泡的浓淡、甘苦、冷暖，是受茶者各自的感受不同。而在这一过程中有人善于分辨、总结、体悟、发现，有的只停留在茶给人的感官上，甚至想到别的什么。禅语"吃茶去"有的一刹那就顿悟，有的苦参一世还是混沌莫名。

　　拿起与放下的动作普通之极，但以学佛的角度说，它是个关系人生态度的大问题。佛学核心之一的缘起，这一个"起"字是万念由心起的起，

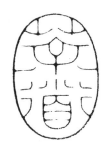

茶道

起了可以兴，也可以败。就以工作来说，拿得起要靠智慧、才学、方法的能量综合，责任的担当就是拿不拿得起。有的人做什么事都顺风顺水，有的就是常常事倍功半或一筹莫展。在人生中，放下比拿起更难。在许多的寓言、民间故事和佛典中，都以极平凡的故事告诫人们不要贪、嗔、痴。否则就像一只把手伸进篮子里偷水果的猴子，因为舍不得放下到手的大水果，结果手抽不回来而被捉。所以，放下比拿起需更多的智慧和勇气。吴越春秋时的范蠡，当功成名就时悄然而退免了杀身之祸；汉代的韩信，放下架子不与无赖斗气，为了远大的抱负与理想忍受胯下之辱，终成了一代霸业的功臣。忍辱是佛学六度之一，它是一种气度。成语中的"急流勇退"，就是警告了事物发展中会存在的矛盾转化。放下，就是在顺利平坦前进中也不忘时不时地刹一下车，免得让不知不觉的加速度，让你飘飘然地车毁人亡。"凡事预则立"的古训，就是教导人们要预防，该放手时就放手。至于佛说的"看破、放下、自在"，那我们是做不到的，有，也是局部的，相比较而言的。

喝茶在生理上是解渴消乏，提升到精神层面就形成一种茶艺和茶道的文化。眼下的喝茶是一种时尚，可是慢慢地变化为由简入繁，越繁越玄。古人用一个字或一句平常的禅语能说明的东西，今天人们要用上万字去解释。倒来倒去和拿起放下的简单，就像一把能泡茶倒水的泥壶，一旦成为一个专门的艺术门类，成了收藏升值的对象，区区几两泥土成为千万元的艺术品，这都是人们给它加上种种意象的结果，至于它的实用价值，还是用来泡茶。放下是一种修养、一种境界，放下的是虚荣、攀比、妒忌、成见、偏执、得失。人们往往会以制造出光怪陆离似是而非的词句，包装等手段来迷幻和远离着事物原本的真实。头戴一顶箬帽，身穿一件汉服，手上有手链，袋里揣手机，点上一支香，做几个似是而非的泡茶动作，喝起茶来。我看着这类假扮的"相"，心里总觉得别扭。人们一旦在艺或道的把握上走过了头、忘了度，什么平常心、了无挂碍等等都不存在了,心不明见不了性,悟不了禅,失去般若,更成不了佛。

泡茶有三个条件:就是茶、水、茶器具。近十多来年禅文化夏令营等活动普遍在寺院或高等院校中发展。在茶界,禅茶文化活动进入了一个高峰期。它产生的诸多深层原因虽不是本文讨论的,但是信仰与传统道德的缺失有它外部与内里的因果关系。在内心要求的平静与社会普遍浮躁的环境冲突中,茶人们在禅茶活动中会得到一个暂时的依托。水是环境,参与的人是茶叶,禅茶活动的场地就是茶器具,那么,禅在哪儿?几天活动的程序、发言、表演都是程序而不是禅。生活中太多的形式空耗了许多财力物力和人们的时间和精力。唐代怀海在百丈山创立的《禅门规式》(又称《百丈清规》)核心,就是一次打破形式枷锁以求实效的禅风实践。他主张出家人不要终日在封闭的寺院里晨钟暮鼓受人供养的孤立修禅,应该参加自食其力的劳作,体验艰辛,理解众生的痛苦慈悲,明白佛陀"爱其重,故生婆婆"的缘起,让佛法走向人间这是佛法传入中国之后又一次开创性的改革。《金刚经》说:"凡有所相,皆是虚妄。"佛法的根本是无相,不讲究形式,人心更不要为"相"所累。作为参加禅茶活动的各国各地成员,主旨是为了根植善缘的人类平和交流,在平和的简朴中像茶那样终年常绿,讲究个人的禅修精进。禅门和一切宗教社团都有不同的规式,我们的各种法律也是如宗教的规式和戒律,我们参与了这样的程序,我们被倒也倒着他人,我们被拿起也被放下。但它只能限其身而不能限其心。世人皆饮的茶与心的通途便是一种禅理。它对"相"的视而不见,对自然的敬畏敬仰,对人性的尊重顺达,不要像白居易在《读禅经》中说的"言不忘言,梦中说梦"的那种虚妄,把自己管好,拂去尘埃,禅在内心的能量,就是放下的快乐,拿起的阳光。

泡茶倒来倒去,倒中有道;喝茶拿起放下,个中有禅。茶与心的交融是属于个人的。现在:茶艺传达给人太多的东西,例如需要什么服装,要用儒、释、道的标志,用太极、武当、琴、香、剑等等。把原本茶的简俭变得复杂起来，形式奢华来。许多茶的文字，似乎也越来越虚玄。一些茶的社团头头也乐此不疲，这是造舆论、夺眼球的手段之一。还有研究陆羽其人，不惜以小说笔法脱离时代地进行臆测或加以神化。研究茶具，不惜在原本是实用功能的紫砂壶上加以种种文化象征的装饰而不堪重负。在培训茶艺员工作上，我们有国家认定的资职条例，有政府参与的各种培训班，但也有各行其是，宣扬当地特色、个人成果。还以个人名义设香案，行大礼，敛财物，举行传灯仪式，广收各地弟子达千人的活动……凡此种种，我认为名曰传统与丰富，其实把茶的本质复杂化了。个人私下授受，教了些什么茶文化呢？这么做下去，会脱离茶与大众的亲近。基层的百姓如果不敢进那些奢华的茶馆，玄虚的茶文化活动，买不起一把泡茶的壶，我们还能成为国饮之国吗？

茶文化活动的提高和丰富，是社会发展的必然，更是商家的关注点。但是一切的活动不能脱离社会的生产力和当下的生产关系。复杂和玄虚往往是一种障眼法。相，永远是一种形式，一种取悦大众的手段，面对一碗纯净的茶汤，它永远表现不出事物的实质和一种茶性、茶心。

请让我永远对你微笑

我是第四次来到四祖寺和大家一起学习、交流，要感恩这一次机会。

几年前，我国的考古队在新疆找到埋葬了 3 800 年的新疆塔里木一位"小河公主"。她戴着白色的毡帽，长着长长的睫毛，高高的鼻梁，嘴角是一丝微笑，觉得还没睡醒似的。

14 世纪的真腊国，用了几百年时间建了世界建筑的奇迹——今柬埔寨的吴哥王宫，进门处巨大的四面佛像，永远在微笑着。据说这是国王的像，微笑对着他的人民。

意大利达·芬奇的蒙娜丽莎那一丝微笑，使世人皆知有这么一幅名画。甘肃麦积山石窟中有一尊微笑的小沙弥，人们争着买他的复制品。其实，在古希腊与印度，中国的四川大足、洛阳龙门，许多寺庙里的菩萨，尤其是大殿上的三世如来都是欲目微笑的。微笑的作品成千上万，但在每个人的心底也会深埋藏着某一个人的微笑相伴终生。所以，微笑不是一种情绪化的表现，而是一种发自内心的感应，并让对方理解，佛祖的"拈花一笑"就是一例。因此，微笑也是一种能量，是自己的，也是给别人的。以微笑作题的文化艺术产品很多，台湾有一部电影就叫《微笑》，讲一座大学里青年人恋爱的故事，歌颂了真心产生微笑，微笑融化了真情，微笑结出了硕果。

微笑不同于开怀大笑的情绪释放，更不同于心怀叵测的冷笑。微笑不在于客观刺激，而来自内心的触动，所以有了"会心一笑"这个词。但是微笑也是不容易的,你发现了没有,打开电视或行走在大街上,铺天盖地的广告告诉你如何吃得好,穿得好,用得好,怎么方便省事又少花钱……打开报纸,整版的房地产广告,希望你住进豪宅,融进仙境、御花园和有花草动物的这个苑、那个苑,就差点封你是皇帝了;汽车代理商不放过每个十字路口提醒你有更高级的轿车在等你这位贵族更换,哪怕是一瓶酒,也让你象征着成功的样子……你的心被反复地催眠了、麻醉了,你的个性被销蚀了,这样处处教唆你做个非凡超群、成功又拥有一切物质的人,你还能有一丝会心的微笑吗? 当你在深夜醒来,白天的物质欲望都没有了,你发觉自己睡在床上,周围没了种种诱惑的陷阱,你望着空无一物的天花板,我相信,你的嘴角眼角流露出的绝不是微笑,也许是一滴泪水。

我们在你们这个年龄的时候,笔记本里记着的往往是许多英雄人物的豪言壮语,而且大多是前苏联的。中学生几乎人人会背诵的那本叫《钢铁是怎样炼成的》主人公保尔·柯察金的话:"当我回首往事时,不会因虚度年华而悔恨,也不会因碌碌无为而羞耻!"就这么一句话让多少青年男女走上各条战线去抛头颅洒热血,它像一个核能反应堆,产生无穷的能量,营造出一种自我牺牲的精神,根本不屑于什么品位非凡的个人英雄,可是那时人都活得很快乐,因为有信仰和理想。现在,我们冷静地想想走过来的五六十年时间,对照保尔·柯察金说的那句话,那个时候的一种豪迈的目标,就是为了牺牲自己,向死去的英雄学习。不会懂得智慧是一个人生活和人生自尊的基础,生活中的趣味和种种美的观察与感受是享受人生快乐的前提。也许有些人过腻了周而复始的一天天、一年年,就要借种种机会去制造事端;日本大地震和海啸了,煽动人们去抢盐;玛雅人过一个新年,他们就说那一天是世界末日快到了,想着把存款花光去作生命的最后一次狂欢,想着包一架飞机在天上盘旋……他们就是不要蓝色的天空、绿色的原野、内心的宁静,他们闻不到花草的芬芳、听不到溪水与小鸟的歌唱，你想，他们会有一丝的微笑吗？这就像一座城市一样，光有物质它是冰冷坚硬的，上百万的市民都是经济动物。一座城市有让人感动的东西，有耐于咀嚼的文化，有汲取不尽知识的图书、博物馆，有舞台、画廊、公园，它才是柔软的，有着触动心灵并开启新的梦想和期许。这种认知，是要包括政府和许多部门以及个人的努力贡献，才能不断充实的，也才能给老百姓更多的微笑机会。我以为，豁达、幽默，能给别人和你自己都快乐的人，他的内心永远都是在微笑的人。当然，人不是孤立的，他要吃喝拉撒睡，人们免不了吃下了污染土地上的果子和蔬菜；也"荣幸地"吃了地沟油，我国一分钟产生 6 个癌症的患者，挡不住雾霾、挡不住有毒的食品甚至含毒的药品胶囊、挡不住破坏自然的疯狂报复后果……

因此，我们就更需要内心的灿烂和阳光，在生活中正确对待疾病、健康和烦恼就显得特别必要了。记住：病都是自己吃下去的；健康是心的快乐和活动得来的；烦恼是自己心里产生的。

今天我们是在四祖的道场中探讨人生的意义，寻找更多的微笑，这是一种缘分。

佛法僧是三宝。佛法，也就是历代的经卷和高僧大德的语录，有八万六千卷之多。有人把这些经典之作压缩写出一篇《心经》，更有人从《心经》中提炼出"圆融"两个字。圆，小到一个细胞，大到一个宇宙的星球共存，都是相互吸引和运行着的，我们这个地球上所有的生物，都是相克相生的，这就是"融"。不要小看了蚂蚁，它能举起超过它自身 7 倍的物体，没有它们，许多昆虫、动物的尸骨没有人去掩埋消化；不要小看了蜜蜂，爱因斯坦说过，人类失去了蜜蜂这种功能的昆虫做朋友，人类只能生存 4 年，也就是说蚂蚁蜜蜂默默地帮助人类在得到许多物质的东西的同时，也给了人类那种团队性的、没有贪污腐败、从生到死没有一刻休息的自我牺牲、比人类还团结的那种精神力量。特别是，我们生活在北半球有春夏秋冬、春耕夏作、秋收冬藏,几十亿年这样的进化与发展,一方水土养活一方人,包括他们的生活习惯、性格、语言。只是在几十万年前,天体中的一颗陨石撞到地球上引发毁灭性的大爆炸大灾难,不少生物绝迹了。这就是不圆融的结果。现在人类有了核武器,谁玩火,害了人家也害了自己,后果是不言而喻的。圆融处世,就是以圆融的佛法精神对你自己和客观世界。对你自己,就是按需要尽可能地满足,例如口渴了喝水、饿了吃饭。以道家的说法就是阴阳平衡。不然,人就生病,再不行,死亡。对客观世界,就是天地四方,局部而言,就是你与家庭、社会左左右右的圆融程度。佛门的人常常被表现为一开口就是"善哉善哉"。善待生活、善待自己,从善的根基出发去理解别人的言行,这首先要让自己学会感恩。有了感恩,对世界自然才有敬畏奉献,才有惜缘包容,才有对自己和他人的尊重。共同的认同与参与,才可能有共同的成就与分享。就我们个人的结构来说也一样,你活着不能停止 7 分钟的呼吸,那股气在你的肺里,心脏因有气体促进着血流循环才跳动。但保护肺的是24 根肋骨,你行走劳动中,要四肢的运动,四肢有 24 个关节相配合运转,这两个 24 要和一天 24 小时相适应劳作休息,而 24 小时又要和 24个节气协调长短,所以圆融的提出不是空洞的,它有科学的依据。人类200 万年前的样子和今天不一样,我到美国自然历史博物馆里去,通过仪器,看到了我慢慢从猿变化过来的各种样子,但今后 200 万年呢? 人类也不会是今天的样子。整个的宇宙包括一切生物都在继续进化着。人只是宇宙中的一粒微生物、大千世界的一粒尘埃。感恩也不是讲形式与表相的,没有深埋在水底的淤泥,哪会有荷花的清艳和荷叶的洁净?要感恩于泥(你)。所以,每个人没有理由不用微笑地面对生活,微笑地深入地感恩自然界本质的东西。

我在生活中兴趣是很广泛的,因为我觉得人生是非常短暂的,像树上的蝉,一般要在地下至少生活 17 年甚至 30 年以上,才能在树上生活两三个月。今年美国东部的蝉与人的比例在1∶600,蝉鸣成为了公害。我借此想说的是,珍惜生命,珍惜缘分。我爱文学、艺术,近年来是茶指导着我的人生。"我是一片茶叶"这话也在流传,这也是一个茶人的人生定位。

喝茶每个人都会,现在讲茶道、茶艺。茶道的道,历史上指方法道路途径。作为道的本身只是各人的悟道而不能表演。表演就是皮相。六祖慧能说:"菩提只向心觅,何劳向外求玄。"(《无相颂》)现在有人讲是茶艺、茶的艺术,一个茶字关系到东方民族生活中的方方面面。茶原本是一种植物的叶子,我们的祖先发现了它的药用价值,至今这种价值没有改变。只是在社会上出现了礼品经济之后,茶作为礼品,作为交际手段已经极大地背离了陆羽讲的"精行俭德"要求,远离了民间的喝茶与文化生活,真正的茶农辛辛苦苦得不到实惠,过分的包装超过茶的价值几十倍,所以我曾说赵州和尚如果在世,再说"吃茶去",有的人就会回答他说:"吃不起。"

茶是朴素的,也像生活禅一样无非是渴来喝水饥来餐。表演那么多繁缛的动作,无非是一杯茶水。有人问我,用一句话来说明茶道是什么,我回答:"倒来倒去。"在倒的过程中只要求保持我们"本来无一物,何处惹尘埃"的心境,这也是人生的一种智慧。

生活原本是简单的,一生就是生、死、情三个字。只是贪嗔痴的种种思绪,妨碍我们去了解看清真善美。苏东坡和佛印禅师的许多例子就说明禅学是一种睿智的思维,是一种任何人都可以悟到和体会到的一个法门。学会看破、放下、自在,一个人就快乐。孔子讲"君子不器"的故事就是放下的自在境界。尤其在当下社会,利益与欲望无以复加,信仰与道德的缺失走到极限,从奶粉到饮水,假鸡蛋牛肉乃至药品……佛是尊重生命的,但是一切生物的生存都有一条生物链在维持。美国乔布斯把中国的禅学运用到科技上,以直指人心的禅学方式创造出苹果手机,但那一个缺口由谁来填补还是永远无法填补？它是功能的弥补还是开个小门，留给网络黑客的方便？世界上的东西都有它的两面性，道家的阴阳平衡、互补就是"天道自然"一种平衡，刚柔契合相济，天地东南西北的相互支持，才有了这个世界。

中唐时，陆羽住在湖州郊区的杼山妙喜寺里，帮助刺史颜真卿编《韵海镜源》的辞典，住持叫皎然，是诗歌理论家也是茶道一词的首创者。他在一首诗中说了两句话"空何妨色在，妙岂废身存"。他提出的观点和辩证法一样。空的概念是大有，无的概念也是有，只是你怎么看，不能以字面或世俗的解释去看空与色的关系。色是一切物质的总和，也是"眼耳鼻舌身意"对六根客观世界的感触反应。是色根；而意是无形的，是心根。把人生的苦与乐分析来看，我觉得像茶叶一样，苦是一瞬的，甘是永久的。我在柬埔寨时选住的是暹粒市的微笑宾馆，我想它源自吴哥窟，面对全世界，我不计较它的设备，要的是一种心底的意境。

人生在世，两个人往往因为一句话，一次见面就铭记一辈子、受益一辈子的事例不少，净慧老和尚对我就是这样。一提到他，一种崇敬、清净之心油然而生，仿佛在黑夜里走路，看到远方的一星灯光，心底就安然起来，我在美国接到他圆寂的消息还不敢相信，打电话问四祖寺的崇谛师，得到确认。后来在美国的刊物上看到他火化的消息，又接到一家刊物来电话要我写纪念文字，我就写了《在不清净中清净奉献》。此文已发表了，这个题目我写得有点悲愤。为什么我们这样一个泱泱大国中的一些人，要去难为一个以善为本的和尚，把他打成右派、反动派，让他坐牢、劳改。自十一届三中全会后，国家命运有了变化，有的人又在他化缘来的财富中挖金掘银？他一个和尚做了许多旁人做不了的事，他图的什么？净慧老和尚说中国的佛教发展有三个阶段：(1)东晋道安的佛教中国化；(2)唐代六祖慧能的佛教生活化；(3)民国初期太虚和尚的佛教现代化。

我要加一条：中国新的历史时期净慧大和尚的生活禅，展开了禅学的普及和在特定历史时期的社会和谐。他提出的"在生活中修行，在修行中生活"，"觉悟人生，奉献人生"正是在一个混沌的物欲横流，严重缺失信仰与道德的时期，在每个人的心中点燃的一盏心灯。从河北柏林寺开始第一期禅学夏令营到全国一百五十多个地方的每年活动，至少让人懂得区别善恶、美丑、是非这六个字。所以我在文中说：净慧圆寂后身上的一把火，就是高高举起生活禅的伟大实践的火炬。

对历史上任何一个人的研究不能脱离四个要素：(1)所处时代的生产力；(2)那个时代所表现的生产关系；(3)所反映和风行的时代意识形态；(4)因意识形态所生产出来的一切文化艺术作品。唐诗、宋词、元曲、明的话本、清代的散文笔记小说、民国以后的白话文及翻译小说，这些变化都与以上四个关系相联而不能跳过也不能倒回去的。台湾的歌手邓丽君的歌只有在中国 13 亿人用一个脑子思维、欣赏 8 个样板戏的十年禁锢后，才更能打心底唤起那一份东方人的人性情怀，受到如此的欢迎、学唱。茶的文化也只有在"斗争哲学"摧残人性的十年之后，浇灌了干涸的中国老百姓和、正、清、雅的心。哪里有华人，哪里就有中国的茶和邓丽君的歌声，如果在改革开放三十年后的今天，才让人知道，就不可能再有这种效果与影响。在茶的生活中常常是微笑的，听歌，也常常把微笑和歌词达到共鸣。

最近，央视的《城市 1 对 1》节目中有一档叫《微笑的城市》，说的是中国的拉萨和土耳其的伊斯坦布尔，一个在喜马拉雅高原上，布达拉宫与珠穆朗玛峰遥遥相对；一个是面临海洋、地跨欧亚非三个洲的文化交汇中心。高原的缺氧气候与地中海炽热的海风都能让人微笑；爬在地面叩长头几个月的虔诚信徒与伊斯坦布尔一天要洗 5 次澡的伊斯兰信徒的脸上都洋溢着微笑。可见，微笑对人是不讲任何条件的，问题是在于你的心态与信念。我在美国华盛顿自然历史博物馆也看到一幅微笑的照片，那是美国的人类学家格罗弗·克兰茨，他一生写了六十多篇学术论文和十本专著，在 2002 年去世，终年 70 岁。生前他立下遗嘱，希望把自己和心爱的一条大狗的骨骼一起陈列出来供后人研究。现在我们看到的骨架展示就是按照他生前和狗欢闹的照片在他去世后 6 年从地下取出完成的。他终于完成了把自己都捐献出来的遗愿。我仿佛觉得他还活着，延展着他作为研究体质人类学的使用。他不是中国人，不一定知道"十指撒手去，一笑对长空"的道家豁达哲理观，不知道生活禅的觉悟人生奉献人生。但作为人类中的一员，他实践了"生前死后都当老师"的唯物观念。这里不存在金钱的价值，却有金钱不能相比的宝贵。

人，不仅用善的美的眼睛去对待世界，也会有追求。中国有句成语叫"敝帚自珍"，就是你喜欢收藏只有你珍爱的东西，中国还有一句话叫"人无癖勿与之交"，这话可以这么理解为：一个没追求的人，不要跟他做朋友。我想，收藏也是个聚和散的过程。天下久分必合，久合必分，这也是个规律。我的观点是收藏的无论是什么，最后是在收藏你自己。从研究甲骨文的罗振玉、商代礼器的各类青铜鼎、秦始皇的兵马俑……人们的眼光最终还是研究了它们的主人。收藏是知识、毅力、财富的一种积累，也是对某一品类认识的不断提高并有所研究和发现。这对个人和国家都有好处，收藏着一个人的修养道德，所以也被人们尊敬。净慧老和尚倡导的生活禅理念，不仅仅在中国，他已经考虑到如何在世界范围的佛教中展开，还要探索生活禅的理法。他就在这方土地上离开了我们，可我们在心底收藏了他，不是他的两千七百多粒舍利子，我想这有没有舍利子对他关系不大，要收藏的是他"觉悟人生，奉献人生"的思想。像一片茶叶一样，一片茶叶泡不出一杯茶，许多的茶叶包容与圆融于水才能芳香，你从中分享，心底是一片光明和微笑，我也希望大家都来收藏自己，你收藏了自己，世界也把你收藏了。

微笑是人类一个永恒的主题。在四祖寺这个道场里,我们来自山南海北的人以相见微笑的心态面对双峰山下的一草一木,每个长相不一的男男女女老老少少,希望大家能把在四祖寺得到的这一份因缘珍惜起来,带回去传播与分享,一句话:请让我永远对你微笑。

灵山秀水滋养的湖州茶

　　大江东去,苕水西来,紧傍太湖南岸的湖州自隋唐以来就是鱼米桑茶丰盈、百姓安康富足的地方。加之西天目山余脉至此几终绝响,东海温润空气溯江河而上,俯瞰大地波光粼粼,山川滴翠,琅玕竹海,茶山叠浪。人们耕作之余,几盏米酒,一壶香茶,婚寿嫁娶,诸事闲忙,组成了一幅色彩斑驳的生活画卷,一首首高歌浅吟的欢快乐章。

　　我来自胡服骑射的北方民族,命运的安排竟大半世浸润在这片旖旎柔婉的土地上乐而忘忧地欣赏。在华美的乐章中,我捕捉住一个不能舍弃的音符,那就是芬芳的茶。湖州地域文化中不可抗衡比量的,我想必定就是它了。试看,鱼有三江四湖,米有两湖两广,丝绸有苏杭的锦绣,唯有茶,虽然大半个中国 21 个省、市、自治区都有多类茶种与名茶,然而都不可与湖州相比的却是:

　　《茶经》中记载最早的贡茶出湖州,名"温山御荈";

　　中国目前出土最早的茶具是湖州东汉时刻有"茶"字的储茶陶罐;

　　中国,也是世界上最早的贡茶院在湖州的长兴顾渚山;

　　中国贡茶烘焙时间最长、产量最多的贡茶是顾渚紫笋茶,从唐代正德年间到清代同治年间,长达 876 年;

　　世界上最早的茶事摩崖石刻在顾渚山,刻于唐兴元甲子,即公元784 年。而且在当地不止这一处:

　　最最重要的是世界公认的第一部茶科学著作《茶经》,在公元 780 年定稿付梓在湖州；

《茶经》三卷十章的作者陆羽住湖州先后达四十余年，并终老于湖州。

陆子云：茶发乎神农氏，起于巴山峡川。云南至今有枝繁叶茂一千七百多年的茶树和万亩千年古茶园，中国是茶的母国地位世界无可争议。然而，自然是自然，人文是人文。茶成为物质生活上的"柴米油盐酱醋茶"，升华为精神上的"琴棋书画诗曲茶"。在这一精神世界中以茶为媒介的，更形成了人类独具的内心品格之谓的茶道。这"茶道"一词最早就是湖州妙喜寺住持皎然提出来的。"茶道"走出国门，影响了世界人类的文化生活，丰富了人际间的情感世界。

如果以陆羽荐紫笋茶并"钦定"入贡的时间算起，那么在 1300 年之后，又有飘然入世不足 30 年，却能在科技时代独领风骚。名扬海内外的安吉白叶茶显现，这就说明湖州的茶事和茶的文化脉搏，历尽了山川沧桑与历史的磨炼而延续不衰。

茶老仍弥坚，茗新而独秀。如此，世间事茶者、爱茶者、用茶者，面对一页页的辉煌，唯有赞叹。

约 26 岁的陆羽作为一个战乱中的难民，在公元 756 年从江汉平原向青山秀水竹茶相映的江南走来。他在史书上读到的湖州又称吴兴，那里的人们爱饮茶。如晋时吴兴太守陆纳以茶果待请大臣谢安，这是茶宴之始；三国吴时，韦曜设宴并允许以茶代酒，这是以茶代酒之始；南朝宋时，在武康小山寺有位饮茶当饭 79 岁的法瑶和尚，皇帝请他到京城去作客，是饮茶可以长寿的例子等等。他收集了许多饮茶的故事和事例编入《茶经》中的第七章。古人以茶为礼的典故沿至中华 56 个民族，无论当地是否产茶，一律以茶为礼敬茶待客，一碗清茶包容了五千年文明；一片茶叶升腾起持久不散的文化芬芳。这也许就是中国最简洁、最质朴，又代代相袭的茶道吧！得道与失道，就是对礼的认识与态度，而这些大的治国待人之道，竟又由一片片小小的茶叶来承载，这不就很神奇吗？茶叶吸收了日月和土地的精华后又回报给人们,它一生只有"奉献"二字。陆羽总结前人对茶的种种实践加上自己的认识完成了《茶经》。

春风携着温润的水汽,似乎用纤纤玉手轻轻抚醒了山峦的茶树。当大地悄悄换上了一袭绿衫时,茶芽仿佛开启了它长长的睫毛,用汲取孕育了一年的养分,凝成的一叶一芽慷慨向人们奉献。

湖州长兴顾渚山中身躯壮实的茶芽被春寒料峭的山风吹得脸儿红紫的模样,被细心的陆羽观察到了,这就有了《茶经》中"野者上""紫者上""笋者上"九个字。紫色的高贵被隋唐的文化定格,天上的紫微星、地下的紫阳山、宫殿中的紫禁城紫光阁、祥瑞的紫气、百姓中红得发紫的人物……

竹笋不甘落后,也忙不迭地探出脑袋看着这片陌生的世界,然后一跃而出,不畏霜雪地节节向上。陆羽把自然与人文元素糅合而成的"紫笋茶"名,通过地方官员献给至高无上的天子,真是得体。

皇帝要在清明节祭拜先祖宗庙。一道圣旨下来,要湖州把紫笋茶和金沙泉水送到长安。遥遥四千里,十天之内必需兼程送到。就这样,湖州官吏定时、定量、定质地进山督贡,迫使山民在太阳未出前举着火把钻山拨莽寻觅茶芽,三万夫役捣蒸焙烘茶饼。斯时,男废农耕,女废蚕织;官道上彩绸画船笙歌伎舞,茅屋里山民臂折踝伤老弱啼号。

天有不测风云。遇到春暖来迟,土冷茶芽未吐,而清明节日却步步逼近。官民唯求于上天的怜悯。这时,顾渚山上架起画鼓金锣,烧香叩首地举行"喊山祭水"的祈祀仪规,期望山神醒来催茶发芽以完成皇家的颁旨。祭水则是期望金沙泉水涌出以造茶。当时官民焦虑紧迫心情可想而知。这种为纳贡而立下的祭祀,到宋代也传到了路途更远、山势更高的福建武夷山御茶院。

史料记载,顾渚山的贡茶院宋初贡而后辍,元代改为"磨茶院"。这是因为当时地球的变冷而使贡茶南移。由此湖州的贡茶得到一个近一百年的喘息机会。我们只要翻翻有关贡茶的记载与茶诗，往往看到官府的荣耀和扰民的措施成正比，其中有颂有褒，有贬有愤；有茶盏中的芳香，有饭碗里的血泪。历史更像一个球体，是球，就有正反面。所幸，贡茶殃民已成历史陈迹，前辈造茶的精湛技艺却流传了下来，是劳动者的智慧与结晶。

改朝换代的更迭由唐至宋至元至明。明代是中国饮茶史的一个由饼茶烹煮改为散茶冲泡的转折期。散茶冲泡导致茶具由茶碗转为用茶壶，由饮变为品。当时，顾渚紫笋茶已难得被人说起，代而知名的是长兴罗岕的岕茶。岕即两山之介，就是山坳。制法是介于饼茶和后来才出现炒茶之间的蒸茶。蒸青茶比饼茶的茶叶味更浓厚。明代是中国文字狱肇始之源，加上外侵与内乱交织的政局让文化人沉浸于慎独思考，对茶味也就进入了与心相联系通达的一种品的境界。文人们追求品茶的潜意识是追求在山林中的洁身求安，求野求趣逃避现实。并在品味的环境上求静求幽，或和三五知己徜徉于山野之间的自然与自心的融会。可惜的是，名噪一时的岕茶产地狭窄，产量不高，好景不长，到清代又被再次兴起的顾渚紫笋茶取代。直到今天，岕茶即便有，也是弃蒸而炒，失去了岕茶的原质。但是，某一种茶的寿命不在长短，而在文化上的地位。现在人们的"品茶"一词，倒是源于湖州的岕茶，湖州因为它能占了中华茶史中的一页而荣幸。

唐代贡茶院在 2008 年从废墟上重新改建了。唐代和贡茶一起送往皇宫的金沙泉水在 1986 年也开始成为商品，昔日的贡品今天成了百姓的日常饮料。时代的前进和科技的进步，让我们在品味已经一千三百多岁的紫笋茶的时候，能体会到一份历史的丰厚和沉重。就像茶树的根须那样，深深地扎入千百万人民的生活中互动滋养，在新的历史时期中有与时俱进的改变。

饮茶必须有茶具。长兴与一岭之隔的宜兴丁蜀镇属同一地质层相，储有丰富的紫砂矿源。两地百姓口语相似，联姻往来，习俗相近。长兴烧陶史可上溯数千年，现存东汉古窑址也有 1900 年。今天，"千户烟灶万户丁"的场面虽已不再，但长兴紫砂也可珍。

湖州种植的茶属灌木型。栽种方式因为没有陡峭的山坡，而是成垅连片的丘陵密植。古老的茶历经数千年后，又有新的安吉白叶茶名噪全国乃至国外。如果说紫笋茶是七朝元老，而安吉的白叶茶就是年龄不足30 岁的小青年，后生可畏。

白叶茶是绿茶的基因变异，在气温 21 ℃以下时，除叶片主脉外皆呈白色。当气温升高时，叶片又会从主脉伸延全叶变绿。所以，它的采摘期很短。春季寒潮接踵而至则茶不发芽；一旦天晴气温骤升，往往又采之不及，由此珍稀可见。再是这种白叶茶的氨基酸含量比一般绿茶多；茶多酚含量又比一般绿茶少。从茶汤的口感上说，柔和甘甜滑爽多，苦涩的成分少。泡在杯中，白叶舒展如玉凤展羽，极符合东方人的审美情趣。

湖州市安吉县的西苕溪流入太湖再由黄浦江入海。古代河的两岸丛生芦苇称为苕，因而苕也是湖州的代称。境内山高水长，敦厚清丽，遍产粗大的孟宗竹，是国家命名的毛竹之乡。唐诗中每每把苕溪和茶联系在一起，陆羽经常在苕溪上往来，还建屋在苕溪边上，他在《茶经》第八章中说茶的质量湖州是上等，产在安吉、武康山谷，并没说到有白叶茶。而对这种白叶茶形态的记载，最早虽然见于宋徽宗赵佶的《大观茶论》中，从描写的特征看与安吉的白叶茶完全一致。白叶茶在 1982 年进行的省、市、县农业资源普查中，在安吉不同地方都有零星发现。其中以横坑坞桂家山的一株最大，从它身上剪取插穗的育成率也最高。茶史记载明确，宋徽宗时期指认饮用的都是产自福建北苑的团饼茶，这也间接说明了白叶茶在当时的福建就有，绝不会指是安吉的白叶茶。但由于安吉县对这株白叶茶树的繁育成功，能在短短二十年中从一株白叶茶树上扦插成活的 75 株茶苗，形成了至今扩种到 10 万亩茶山，年产成品茶 750 吨，产值达 6 亿元的经济产业支柱。

　　湖州的茶如果以茶名的颜色来区别，就是紫、白、黄。指的是长兴紫笋茶、安吉白叶茶和德清的莫干黄芽。

　　湖州市德清县东苕溪流经全境。武康境内的莫干山，以春秋时莫邪、干将在此铸剑得名。它以"竹、云、泉"三胜造就的"清凉世界"与北戴河、庐山、鸡公山齐名，成为长江金三角的第一避暑胜地。因开发较早，民国初就吸引国外投资者在山上营建风格各异的洋房别墅，又有"万国建筑博物馆"之别称，许多国内外政要先后都在山上逗留。人们在占98％的苍翠似海似涛的环境中避暑纳凉，岂可无茶？清代诗僧秋谭说："峰头云湿地含雨，溪口泉香尽带花。正是天地谷雨后，松荫十里卖茶家。"漫山皆绿，红瓦点点的莫干山，出产的名茶是"莫干黄芽"。黄茶属中国六大茶类中的一种，以在炒制过程中用"闷黄"和低温长烘的工艺完成。莫干山在晋代即有人建庵种茶，不但唐代陆羽把武康记于《茶经》，清代《武康县志》也记"寺僧种茶其上，茶啜云雾，其香烈十倍"。确实，紫笋茶厚重，回味绵长；白叶茶气幽如兰，甘甜柔和，稍瞬即纵；莫干黄芽色不在润绿微黄，而在清香持久，醇甘鲜滑。湖州莫干黄芽与四川蒙顶黄芽、湖南君山银针、安徽霍山黄芽都是黄茶中的姐姐妹妹。奇怪的是莫干黄芽是在海拔 600 米的高度上或下的芽茶最好，再高或降低就有差别。苏东坡把茶比作佳人，就湖州的紫、白、黄三种特色茶而论，"佳人"也得山水气候的滋养才出落得娉娉婷婷，不事雕饰而有灵气。

须弥藏芥子，黛螺纳千秋。就是这么一片片的茶叶，却溶进了东方人的伦理道德、风俗习惯和礼仪规范；也就是这么几片茶叶，千百年来渲染出了人间的许多故事，芳甘弥远。抓一撮茶叶冲一些水也就公认为一种文化，人们要去研究、争论、探索、发现……

嗜茶者说：人不可一日无茶，杯茗在手方可宁神。湖州的每个乡村集镇都有不同的茶馆消费着茶叶。无论刮风下雪，不少人在凌晨四五点钟就走几里路去茶馆喝茶了。"早茶一盅，全天威风"，难道躺在家里的床上就不能喝到茶吗？

湖州人喝茶历史早，文化起点高，湖州的茶馆自然因茶而起，活跃而富特色。包括乡村集镇现有的茶馆就有上千家，说大的有设施装潢流光溢彩服务上乘的；说小的有瓦屋下，临河旁，三五张方桌加几条趴脚条凳的也是。所谓"村茶胜国酒"，大小茶馆全是喝茶，在本质上并无高下之分；喝茶人讲究环境，知己的相衬，目的和心态不同，就会变化出各人的千滋百味来。"味外之味茶外茶"，这是茶的魅力所在，也是人们选择去茶馆的理由，一个人躺在床上就没那么"味"。

不同的人喜欢不同的茶，茶和水的产地品质又各不相同，即使同一位茶客，今天和昨天来要求也会变化。一杯看似静止的茶水里也暗涌玄机。反过来说，茶馆也是经营者的一张名片，对当地社会也是展示地域面貌的一个窗口，经营者的素质、追求、品格尽在不言中，又让人感觉到。因此，虽然有这么多的大小茶馆，其特色与功能还是有差别。在乡镇的村头市梢小屋里，灯光昏暗烟雾缭绕素壁陋窗，茶客们泡在几角钱一杯的粗茶里，清早就聚在这儿聆信息、淘关子，谈养鱼饲鸭栽瓜的种种话题，关联到各家的生计与生产发展。什么人爱什么样的茶馆，茶馆就是一个浓缩的小社会。

在湖州某些农村爱"打茶会"，就是各家姑嫂老妪拿些零星小吃相约在某家院子里，支上小桌，沏上茶水，一边做着各人的针线活一边拉家常。这是一个不是茶馆的茶馆,促进着邻里的和睦相助。社会文化多元化了,茶的产业与流通,茶的消费与茶馆功能,人们对之的要求越来越高,无愧作为湖州的茶而面对世人,薪火相传,任重道远。

世界的茶科学、茶产业已进入了一个充分利用,综合发展的阶段。茶不断地影响着人们生活的各个方面。湖州的茶及茶的文化在中华茶史中占了极为辉煌的一页。面对未来,我们如何以科学发展观来续写美丽的华章,像茶一样对世界作出奉献是每个湖州人的义务与责任。

湖州的茶与茶文化属于全民族;
中华的茶与茶文化属于全世界。

奇香入骨虫屎茶

2008年5月末,湖州(长兴)的国际茶会召开期间,有6个省市和3个国家的茶友专程到我家相聚喝茶聊天。河北的舒曼、胡智学先生是第一批。有朋自远方来该喝什么好茶呢?这些人什么名茶没品尝过呢?思索良久,决定请他们喝屎茶。果然,他们都没见过喝过,又是拍照又是鼻子闻的,最后还把酱油汤似的茶汤倒入嘴里,反馈出的却是两个字:"香,好!"

妙哉,茶道专家们终日说茶论道,在我家喝的却是屎茶,屎中岂有道乎?舒曼先生立刻回答:"有的!禅宗里说屎的公案不少,屎中有道。"

屎茶就是虫屎茶,是一种名叫夜香蛾的幼虫饲以一种很香的叶子拉出来的屎,色黑,味香,小如苋菜籽,功能去火解毒,而且越陈越香越珍贵。我这瓶虫屎茶是海外朋友送的20年前陈货,贴有"陈年仙丹茶"红色招纸,小字则书"虫屎茶"三字。仙丹就是屎粒,天上地下,两名一体,颇具理趣。仙丹也好,虫屎也罢,能入口,味佳又健身,其中自然有道。由此,几批来客都奉以屎茶数盏,以作谈资和交流,评说当下茶文化活动情况的话引。客人对屎茶也表现出意料之外、情理之中的兴趣,感到不虚此行。

不过,以屎论道的不仅是佛教禅宗,还有先哲庄子。东郭子问庄子:"所谓道,恶乎在(在哪里)?"庄子回答了"无所不在"之后又加一句"在屎溺"(在大小便中)。东郭子以为庄子在胡说八道而"不应(不理睬而去)"。其实庄子是严肃的,他借着人人都要吃喝拉撒睡的道理讲出"淡而静、漠而清、凋而闲"的道理,认为只有这样,一个人的视野和心胸才会辽阔。生活中的许多事，往往是"一本正经常常不正经，胡说八道往往真有道"。装腔作势以头衔吓人的，往往比不过村野老人一两句话来得朴实有理有分量。好比这虫子拉出来的东西，夸夸其谈说了半天还不是几粒屎吗。但它味美宜人，可以当茶喝，敬客不失礼，客人乐而受，宾主之道就在其中了。

道理是虚的，屎尿是实的。不少的屎尿可入口治病，那是千真万确的：例如江南的蚕宝宝吃含高蛋白质的桑叶才会吐丝，它的屎叫蚕砂，不但是人吃的中药，也是治马病的兽药；寒号虫（即鼯鼠）的屎中药名为五灵脂；梅花鹿腹中的屎和乌龟的尿也是可以治病。人尿的结晶叫人中白，包括受棍棒伤后大口喝尿都能治伤病。地震中，有人依靠尿生存，其中也不仅是解决水分的问题。你也许认为治病求生是不得已而为之，有没有以屎作美食的呢？有。东南亚出品的"雀屎椒"就是把一种专吃红色胡椒肉的鸟喂饱，再把它拉出来未消化的果核磨成粉出售；巴西人让一种动物吃咖啡豆，再把排出的果核磨粉冲泡当饮品，一小杯几口喝光的这种猫屎咖啡要卖人民币770元。问题是人们习惯上的定向思维往往忽略了身边道的存在，作出了错误的判断。

茶不过是一种植物的叶子，茶道也不必说得至高无上，屎关乎人的健康乃至生命，也未必就是下贱秽不可闻。中外茶人喝的茶名叫屎，也不影响缘之乐，道之得，不是很好吗？

附　流寇不得了！
——读 2008 年 6 月 21 日《湖州晚报》寇丹《茶道与屎道》一文

流寇不得了！知识杂博，奇思头脑，写出《茶道与屎道》。三个国家六个省市的茶友，淡茶斋里品"虫屎"。还要连称"香啊，好！香啊，好！"

流寇不得了！拿支生花锐利笔，各种文体经常发表，拥有读者不少，还顺带刺刺那些装腔作势佬！装腔作势佬！

流寇不得了！流到山芥老叟家里次数真不少。一年四五次，吃完茶饭掸掸屁股马上跑。

我读报纸捧腹哈哈笑，哈哈笑。拍着桌子大叫"流寇、流寇不得了！不得了！"惊动邻居王仙鹤，放下剃头刀，伸长头颈叫："又有啥个好东西，让我也喊几声好……"

天奇热，熬不牢。来回百里把屎茶讨。流寇捧出五彩瓶，洁具净杯把"屎"泡。闻过香气尝味道，人身有屎都是宝，"进口""出口"都重要。吾年九十尝个鲜，屎可当茶才知道："不得了！不得了！"

罗芥茶叟　俞家声于杏香斋时年九十
2008 年 6 月 23 日

注：省报称 75 岁的寇丹为"文坛散人""文场草寇"。又因他常年"流窜"在国内海外品茶论道，也被叫作"流寇"。他自己作打油诗："流寇到处流，潇洒又自由。只要不犯法，管他娘个毯。"

寇丹注：我去罗岕全仗获"中华百名名医"称号的俞老医师带我一一辨认山头，讲明古今地名变迁。他于 2009 年去世。我的小说《净土秋韵》写的人物就以他为原型。

动静皆有的韩国茶礼

我到过韩国 7 次,给我印象最深的,不是那些多彩的饮茶形式,而是他们人人行茶的认真、全身心投入的精神和表达茶礼的那些主题意境。

历史上,中国的茶和茶文化很早就传入朝鲜半岛,时间比传到日本还早。但后来朝鲜因受到日本的长期占领,日本茶道的行茶方法又给朝鲜带来巨大的影响。

韩国有许多茶文化社团称"茶礼会",简称茶礼。现在韩国城乡有五百多个茶社团,有 500 多万国民参加茶活动,平均 8 个人中就有一个人懂得茶文化。韩国国民的民族自尊心和凝聚力很强,在茶的文化内容上,他们一方面努力摆脱日本茶道的影响,一方面把重点放在"礼"的表达上。虽然他们也说"禅茶一味",也有称茶道的组织,但如果对韩国的茶文化稍作深一点了解,就会发现它与日本茶道有着本质上的不同。

日本无论末茶道还是煎茶道,无论是哪一位家元的弟子,行茶的程序形式都大同小异,强调的是禅意和心与茶之间的无声交流,主宾之间很少用语言。而韩国可以在行茶中吟之、诵之、唱之、舞之,他们以茶为媒来讲述故事。釜山女子大学校长、文学博士郑相九就创作了十多种行茶内容,甚至出现了苏东坡访茶和吟诵自己的茶诗场景。在韩国的少儿茶礼中,孩子们还相互朗诵自己的作文。

其中,韩国的"五礼"仪式与日本茶道最为不同。朝鲜历史上的毅宗时期,有位平章事官衔的崔允仪,采用中国宫廷仪式,褒集祖制宪章,杂采唐制,详细制订了礼制,上到皇帝的冕服、轿子、卫队,下到百官的冠服以及每年的各时祭祀方法等等都一一作了规定,完成了统一的制度序列。再到达民间,一种名为"五礼"的核心就固定了下来,这五礼就是吉、凶、宾、军、嘉五种。

吉:包括对天神、地祇、人鬼、社稷和古代的朝鲜檀君、高丽始祖和司农牧、星宿气象山川诸神的祭祀之礼。

嘉:主要是皇宫里的礼仪,包括上朝、朝贺。皇帝对下和亲万民的活动。其中包括宫内的册封、封赏礼仪。

宾:主要是对外国的使团,使者的迎送娱乐和赠礼、受礼等的仪式。

军:军事上的序列、等级、检阅、比武。其中也包括出征时对日月的祭祀和驱鬼的傩仪。这种活动后来也在乡村中集体举行。

凶:殡丧之礼。

这五种属大统之礼,在五礼中,除了行茶之外,还伴以日本茶道中没有的吟唱赞词和舞蹈,提供许多民族式的糕点。直到今天,韩国的农村仍然有不少的茶礼会组织,负责操办以上五礼中的各种礼仪。这五种礼虽源自朝鲜族的古代,但又受汉文化的熏陶,因此仪式中的东南西北中、金木水火土、忠孝节义智勇仁等都有表现。有时为了阐明主题,就在行茶中撑出大旗,上书一个"孝"或"勇"字。

2006年12月初,我与茶人朱敏等受邀去参加在韩国首尔召开的"21世纪韩国茶文化复兴与未来发展"国际会议上,茶礼中的"五礼"就作为一个必修课被提了出来,他们提议让幼小的孩子从小就知道茶、知道礼。因为有礼的熏陶。韩国国民的素质得以良好地提升。当韩国两百多部电视剧在中国热播之时,让我们知道了礼仪已深深蕴藏在韩国普通的家庭生活里,使人深有感触并向往之。

柬埔寨女人和茶

柬埔寨是个古国,早在 10 世纪它就是东南亚面积大、国势强的国家之一,连暹罗(今泰国)也被它征服过。否则,它不会花上几百年去建成了世界建筑奇迹的王宫(今在暹粒的吴哥古城)。

在中国元朝时,两国就有经济往来,中国称它是真腊国。只是到了1431 年(明宣德六年)暹罗人攻入王宫尽情焚毁破坏,真腊国王弃城而走迁都于四岔口(今金边)。

吴哥古城被成长迅速的热带雨林盘踞覆盖,隐没消失在世人的视线中。直到 1861 年 1 月,法国博物学家亨利·穆奥根据中国元朝的一本《真腊风土记》去寻找,才重新发现了淹没在林莽中瑰丽宏伟的吴哥城。我在 2011 年去该国金边、吴哥和洞里萨湖,非常满足。

柬埔寨国内盛产名贵木材,他们告诉我:"你们有高速公路,我们有高树公路。"公路两边都是五、六层楼高的大树,很好看。又有亚洲最大的洞里萨淡水湖,稻米一年三熟,那里的人是很淳朴善良的。因为有旱、雨季和蛇虫特多的原因,大都居住在吊脚楼里。湖水上也有随水涨落的,几十只船连在一起的村子、学校、商店、村、政府等都在船上,人们来往全是船。蛇类特多,也是他们信仰的图腾。

过去,那里的男女都是赤裸上身的,下面只围一块布。女孩子到 6 岁就要请和尚来家举办"镇坦"(音)仪式,这天家长烧茶摆酒请大家来参加,大家也要带上鲜花、水果等土产来庆贺。和尚念经之后,用手把女孩的处女膜撕破,完成了"镇坦",这个女孩就可以名正言顺地出嫁。如果到13岁还没有嫁出去的,就算"老姑娘"了,她们一般在16岁正式做妈妈。现在他们已经是现代化了,许多习俗已经不存在。

他们很注重生育,过去,已婚的女子也希望被丈夫以外的男子来"爱",这习俗也与印度教崇拜生殖的影响有关。它们有一条河流叫"林迦河",在浅而清的水流下,可见到河床的石板上刻有一个个突出的圆鼓钉,就像中国朱漆大门上那样密密麻麻的铜钉,它象征男性的生殖器,名字就叫"林迦"。它也被刻在石头上作为崇拜物,它的座子叫"优尼",像一个女性的子宫。林迦插在优尼上就完成了繁衍的壮举。女人生孩子后立即会把事先准备好的饭团和上盐、茶叶纳入产道中,促进它的收缩。第二天就下水种田捕鱼。女人在家里除了做饭育子就是烧茶,放一大桶,让往来的人们自舀自饮。茶点多是捉来的蚱蜢、蜘蛛和水田中的一种甲虫,用油炸了吃。我看到在一个集市入口处,有两只小汽车大的水泥黑色蜘蛛,举起长长的脚伏在那儿,看上去有点恐怖。集市内小女孩提着桶在叫卖,里面全是半个手掌大小的黑色长着长毛的活蜘蛛。摊位上托盘中是油炸的蜘蛛、甲虫、蟋蟀和不知名的虫子,还撒上辣椒、咖喱等。在洞里萨湖上,许多狭小又尖的快艇追逐着游船,当两船靠近时,一个女子背着婴儿、手上拎着一袋瓶装的茶水跃上游船向旅客兜售,然后又一跃而下,跳回自己的小船,去寻找下一个目标。这些船速似箭,丈夫开船,舱中还有两个曝晒着的孩子,女人就在船帮纵上跃下,为了生计至为惊险。在陆地集市中也有比较宁静的茶店,供应着茶水、咖啡、可乐、果汁等饮料。因为当地雨水多,他们都喝红茶和自己采集的一种叶子当茶喝,不喝绿茶。

法国殖民者的侵入对当地饮食有了很大的影响,城镇中从吃煮大米饭改为便捷的面包、香蕉和菠萝等,大都是烤了吃。在农村中还是习惯吃稻米。在二十世纪六七十年代中,红色高棉掌权,在极左路线的"阶级斗争"中杀害了三百多万人,战争又造成大批的地雷伤残者。幸亏这一幕已成历史。

华人在柬埔寨比例很大,首都金边占总人口的四分之一,潮汕人居多,有的已是住了两三代人了,相互影响,在生活上没有多大差异。他们午饭后习惯在荫棚下喝咖啡或茶。我观察一下,喝咖啡的居多。摊主用一个潮汕地区熬中药的横柄大陶罐煮着香浓黑色咖啡,你要一杯时,主人就先在大玻璃杯中放一勺糖,倒进半杯咖啡,然后你自己加冰块,浓淡随意。但桌上也有瓷的茶壶,一般不会再收费。你要是走进华人的铺子或家庭,完全是一派潮汕人的布置,讲究装饰、敬祖、恋根,桌上就是潮汕茶具。只是茶盘当中一个大瓷壶,白底青花,周围一圈茶盅,似一只母鸡带着一窝幼雏。客来敬茶,给你敬上的是地道的中国茶而非咖啡。桌上也有黝亮的紫砂壶,那是长辈专用的,小辈不能随便使用,礼仪很周全,按时祭拜祖先,讲解姓氏传承外加祖传家训。这些都对当地老百姓有很大的感染,彼此通婚的也多,许多中小学生都会用中文书写交流。但是你无论到哪儿,你千万别去碰对方的头和脸,柬埔寨人是很忌讳的,也不是一句"不好意思""对不起"就可以了事的。万一发生了,就要设茶来赔礼。茶的"和"字尤体现在异国了。

柬埔寨是个佛教国家,自然环境也异常美丽。不论旱季还是雨季,坐在椰子树叶盖成的吊脚楼里,品味穿着筒裙的女主人端上煮过的红茶,那特殊的味儿让你久久不能忘怀。

风味卓然的罗岕三绝

广西的金田村、广东的翠亨村、湖南的韶山冲都是僻野山村。因为出了名人而世人皆知了。

湖州的善琏、安吉的鄣吴、长兴的顾渚、德清的三合，也因为出了特殊的人和物，影响了社会的文化生活，才成了旅游热点。人们旅游的目的就是追寻一种文化，自然景观和人文景观能结合最好。无锡利用太湖水，宁夏利用大沙漠，从一无所有变成了影视基地。有文化背景的一泓泉水、一块山石、一座亭子都可以借题发挥引人入胜，那么我们也有一个村子小、来头大的地方尚待开发，这就是罗岕。

罗岕属长兴县白岘乡，距县城 25 公里。六百多户两千多人。岕即两山之谷，长约 8 里，公路通到茗岭山脚下。翻过山脊就是宜兴茗岭乡，村民贸易、姻亲往来多至宜兴丁山，故多操宜兴口音。盛产毛竹、野茶、毛栗、银杏。

一绝：茶

岕茶，在明代名噪天下。明代茶的文化不仅把饮进化到品的境地，茶的文献专著也是历代最多、最有见地的。在共三十多种文献中，《罗岕茶记》《岕茶笺》《岕茶汇抄》《洞山岕茶系》等专题篇目及论及岕茶的就达 29 种。著名文士张岱、徐渭、袁宏道、熊明遇、冯可宾等无不注目于岕茶。陈继儒给岕茶下了总结性的评价，他说："古人咏梅花，说花中别有韵致和清极不知寒的风格,这只有芥茶可以相比。那些如福建武夷山茶,苏州虎丘和安徽黄山的茶,杭州的龙井茶,虽然名气很响,哪能比得上芥茶呢? 一般人把唐代《茶经》和宋代的《茶录》当茶道的典祖,这是他们不了解芥茶和对芥茶的品饮啊……"这段带有自负和调侃的一家之言,至少反映出芥茶的名声盖过同县的唐代紫笋贡茶,这是明代对茶的采、制、品的一种进步。正因如此,明代绍兴的大学者张岱专程到南京闵夫子家品芥茶。现在,澳门茶艺会顾问、特区首脑何厚铧的老师林志宏得到笔者赠他的一点芥茶时,他特请台湾中华茶学会的茶友飞到澳门共品。香港中华茶业总会董事长郑良泳先生得知,也来要一点芥茶。数月后,他不仅品味了芥茶还来信说"经送检验,你寄来的确是野茶"。韩国、日本、新加坡茶人都品味到了芥茶,新加坡举办茶展,那芥茶就是我送去的,数量虽不多,一撮足添异彩。

芥茶在罗芥除都是野生的外,还有几个特点:一、春不采,只在立夏后三日开采;二、明代就将山上各产茶集中地分为四品,并不是凡罗芥山上的茶都是好茶;三、当地有茶神庙,供奉的是汉代的柳宿,他比陆羽还早出世;四、明代普遍以炒青法制茶时,罗芥仍是蒸青法,采、制、藏都有详细要求,只是现在已经不讲究或失传。

唐代的陆羽、皎然到过罗芥一带,他们的诗文中都提到缠岭和大寒山、小寒山。还留有两处古建筑遗址:小秦王庙及茗理楼。现在地名改了,遗址也没有了。

《芥茶笺》说罗芥最好的茶是"庙前水,庙后茶"。这就是指小秦王庙前有紫芥水,庙后的第一山峰就是纱帽顶、棋盘峰,又称雄鹅头,这山上产的茶为一、二品。明代翰林学士朱升曾登茗理楼赋诗:

不知茗岭何年始,今日方开茗理楼。

露浥舌根真味出,花生鼻观异香流。

纤柔不取旗枪败，藻绘徒增龙凤愁。

名理无穷非一茗，着经空白古人头。

朱升是个元代不第秀才，在朱元璋掌握大局时采纳了他"高筑墙，广积粮，缓称王"的策略取得最终胜利，才赏他一个官位。清代康熙进士长兴人钱兆沆也写过《茗理楼》：

今年偏喜独登楼，楼外风光次第收。

竹比去年修几许，遮山不尽碧峰头。

此楼二层三开间，建立三百多年后，最后在 1958 年夷为平地。

二绝：洞

《长兴地名志》划定了罗岕 3 平方公里的溶洞群为洞山风景区，由暗洞、亮洞、朝天洞组成。

罗岕山体中有溶洞。因为茗岭北面就有全国知名的宜兴善卷、张公、太极等溶洞，同一山体有许多洞也是意料之中。据《长兴县志》载：互通山有二龙池，二仙洞。二仙洞就是罗岕的亮洞、暗洞。暗洞内钟乳垂累，终年滴水，内有石峰一座形如冰山。沿洞内地下河上溯 200 米又有一长 60 米、宽 40 米的大洞，洞顶最高处达 12 米，居中有一晶莹乳白的雄伟石墩。洞内有正统、成化至嘉庆年号的题字，现在又发现可通至另一处溶洞，并又在新洞内发现唐贞观、开元的年号题词。亮洞距暗洞约 200 米，长 27 米、宽 15 米、高 10 米，地表平坦。朝天洞的洞口如井，深 10 米。入内拐弯，有大洞长 36 米、宽 22 米、高 15 米，上下分为 3 层，四壁钟乳呈各种形象，也发现人类居住的痕迹及兽骨。

洞外的山坡上是裸露的各种太湖石群，可惜笔者一一去探访时已大部挖撬变卖,留下一片狼藉,令人扼腕。洞山开发在当地群众中颇具积极性,曾多次自发投资清理淤泥开通洞内可行船的地下河,但因洞体过大,三洞相联,非当地财力、人力可胜任。

三绝:傩

傩(音挪),其本义与假借义有"鬼惊貌""鬼见而惊""行有节度"等多层意,也表示有节度地驱鬼逐疫。它是古代宗教与戏剧的孪生物。表现形式是傩祭、傩舞、傩戏。其特征是必需戴上木雕的、造型狰狞可怖的面具。这种面具,在西北、西南、河南中原一带称为"社火",现代京剧舞台或节日儿童戴的面具、川剧变脸,以及西藏的神舞等,广义地说就是傩文化的延续。

罗芥村的农民。解放前和 50 年代初,每年农历十月中旬连续三五日举行傩祭。他们戴上面具,穿上袍服,放铳鸣炮,载歌载舞行进在山路上,几个村的队伍集合在茗理楼前空地上比试傩舞,尽一日之欢。

由于原始时代人类对自然不理解和恐惧,在傩面具的造型上都夸张象征了善恶之间的斗争。如他们将东南西北中的"五方"和金木水火土的"五行"以"五色"来代表:即东青、南红、西白、北黑、中黄。加上主生死的判官,主丰歉的土地神,主消灾降福的释、道,形成一个整体。他们戴盔披甲,头插雉尾,背插威武旗,手执兵器,一路鸣金击鼓放炮铳,茫茫山野中顿时有了一种强烈的扬善抑恶的气氛。傩舞则有"朝礼""邀请""对舞""独舞"等形式。当地村民则烧茶沾酒以待亲朋,互相祝愿。传说当年张勃令猪拱山石而水到渠成,因此这数日中只可宰羊,不可杀猪。

傩祭、蜡祭、雩祭并称中国古代三大祭。汉代的傩祭从皇帝到百姓都要参加,宋、明两代也有很壮观的傩祭记载。它是研究中华民族精神史中不可忽略的重要课题。

在这里，又要带出一个与长兴有密切相关的祠山大帝的传说来：杭嘉湖地区每年农历二月初八左右，有三至四天的冷风冷雨，甚至下雪，老百姓称之为"祠山暴"。传说这是祠山大帝的风、雨、雪三个姑娘给父亲做寿来了。所谓"暴"，地域土语，就是来得突然而又猛烈的意思。还说如果尚有第四位火姑娘也来，不仅会让百姓遭殃，连祠山大帝爱吃的冻鱼冻狗肉也因气温上升而吃不成，就不欢迎她参加。

祠山大帝姓张名勃，他的先祖曾佐禹治水，引长兴水益临县安徽广德田，开成"圣渎河"，被赞为"禹后一人"。后来，朱元璋封张勃为"广德灵佑崇德祠山大帝"。这事在《广德志》和《中国神话词典》中都有记载。如今，南浔的张王庙、德清的祠山庙，以及长兴新槐、白岘等乡村中，都有与祠山有关的地名、庙宇。祭祀仪式就是中国最古老的民间文化之一的傩。

笔者自 1990 年至今的几十年中，为考察罗岕的茶文化，弄清古文献地名与今地名的对照，到罗岕不下四十多次。在当地乡贤的帮助指导下积累了一些资料。傩文化的存在，引起本省研究团体到罗岕考察。

我想，把罗岕的茶、洞、傩的三绝整理、掺和互映，参与大禹治水的不仅有防风还有张勃，湖州的文化积淀也就更深厚了。

一碗茶中的和平与友谊

　　国与国之间的文化交流，自古至今都存在官方民间的两条渠道进行，它正像大石头没有小石头砌不了墙一样，小石头的作用有时并不因小而小。中、日之间的茶文化交流，自唐代的鉴真和尚、清代的隐元和尚去日本，对末茶和煎茶都起了发展和推动作用。20世纪30年代末，日本军国主义分子侵略中国，就在战火纷飞的1940年7月（昭和十五年），日本的一位教师诸冈存先生冒着生命危险到了湖北天门县，拜谒了西塔寺、雁桥、文学泉等陆羽遗迹。带回一册《陆子茶经》。从此，诸冈存先生回日本后悉心研读注释，在1941到1943年间，先后出版了《茶经评释》和《外篇》各一册。这位有良知和热爱中国茶文化的学者在去世前，嘱咐他的女儿诸冈妙子一定要把《陆子茶经》的原书送还给天门县。她就在1986年9月带着这本书和200册该书的影印本到天门。这天，正巧我和她从武汉机场同车到天门并参加了还书仪式，这就是令人感动的民间文化交流的例子。目前，两国的茶事交流更是频繁与多彩。其中，依然有官方与民间的渠道在进行着。

　　浙江湖州作为陆羽生活时间最长，又是《茶经》最终定稿的地方，在20世纪80年代末就和日本的岛田市结为友好城市。之后，日本、韩国、新加坡、马来西亚、加拿大和中国台湾、香港、澳门地区的茶人接踵而至，其中不少人是以个人名义来考察的，主要是湖州西南的杼山、唐宋茶事时久的长兴顾渚山摩崖石刻和大唐贡茶院遗址及当地自然面貌。例如

著名的《茶经》研究学者布目潮沨先生对我说："来到陆羽长期生活的地方，对他和他写的《茶经》会有不同的感受和亲近。"他在去杭州途中又独自折回要亲眼看看苕溪流入大湖的河口，才完全放心。我和他多次在法门寺、西安、杭州等地见面，交流资料与通信，他给我题了字并要我给他一幅画。他去世时，那幅茶画就挂在他的屋子里。再一位是有"平民家元"之称的小川后乐家元。他头一次来湖州顾渚山区时，通往唐代袁高、于頔、杜牧茶事石刻的地方和贡茶院是一片荒芜，唐代颜真卿督贡茶步月赋诗的一座小石拱桥(长兴县文物保护单位)尚未在后来的 1993 年被洪水冲毁。他拨开荆棘乱竹丛往上爬，举起相机不断地拍摄，他中国话讲得很好，到过很多中国茶区，我们在不同地点有五次见面，仅湖州就有三次，他还带了他的学生们到湖州颜真卿进行联句的岘山洼樽亭参观，并先后寄我不少资料。与小川先生不同的是小笠原秀道家元，他的上辈是天皇身边负责礼仪工作的贵族，他也两次到湖州并约我两次在杭州见面，谈及茶道教育和要我为他刻一些陶壶和订制用螺钿镶着他们家徽标记的茶具。我到日本时也到神户他的家里去拜访。此外，日本的茶学者山西贞女士、小泊重洋茶博馆馆长、仓泽行洋教授、姊奇有峰、丹下明月家元及横井扬一、成田重行等热心推动中、日茶文化的人士都多次在不同的地方见面。仓泽教授在湖州时还一定要来我家吃茶。我说我住的地方很小又没准备，他说："这才是茶人应该有的平常心待客之道。"我们的生日只差一天，有一年在武夷山，主人知道后就安排了一次有五个国家茶人参加的为我们祝寿茶会活动。在交往中我觉得民间的交流还往往露出各人的个性，例如小川家元没有半点架子，车子坏了帮着修车；仓泽先生温文尔雅，非常谦虚，甚至把我的扇面画和他夫人配的俳句一起参加东京艺展；布目先生则是认真严肃，不苟言笑，总爱提出问题要求解答；成田重行先生一边谈话，一边记录，又一边给你画个漫画像，等等，这些都是官方交流中少见的。

特别要提到的是日本里千家的十五世家元千宗室先生，一副皇家气派，由国家副总理陪同，在天津商学院清风庵和南开大学丰乐庵两年两次约见。在南开大学听了他"一碗茶中的和平"著名演说后的茶会上，他让我坐在首席，并由他夫人点茶，他对坐在第三座位上的当时天津市钱市长说："把寇先生安排首位，因为他是从陆羽的故乡来的。"当坐在第二位上的彭华教授翻译给我听时，我觉得中国的《茶经》与陆羽对日本文化有着巨大的影响。后来，我在日本再一次听到他的演说。在日本茶学者中还有一位斋藤美和子女士，她很平民化，是研究中国茶馆文化的，我陪她走了一些乡村集镇，在凌晨挤进那个喧闹的早茶世界。她认真观察记录和掘根究底调查的精神很值得我学习。我与韩国茶人的友谊更是人数众多而且频繁，不用介绍就相互认识。促成了在湖州建立"中韩友谊亭"，连结了中国元代中断了660年两位禅师的禅茶友谊。和东南亚各国也是彼此常常交流，让我学习和增加了不少知识。

民间交往不受国家和不同意识形态等等的影响，有很大的自由度和彼此的亲切感，他们来华也不喜欢把时间花在握手照相吃饭上。学者们共同的愿望是实实在在学习交流点真知，人类不分民族都是有感情的，我觉得官方、民间的交流各有所长，民间的更有不可取代的持久性，茶人更应该珍惜这种交流。

代后记 淡茶斋记

　　青卞苍苍,苕霅泱泱,客居菰城,出入皆便。客也友也,华也夷也,因缘聚散,翩然来去。

　　陋室淡茶斋,书千册,笔数支,广备佳茗茶具,以便仕之聚,友之晤。相见语无伦次,谈天上地下,古今中外。茶过几巡,说胖了瘦了,道饿了饱了,世间百态,奇闻异趣,言罢即忘。壁间案上,瓶罐文玩,切磋赞技艺,无心辨真伪。偶有解囊求割爱者谋购书之资足矣,亦皆大欢喜。

　　一介草民,年过八旬,水泥地、硬板床,手机仅通话无微信、彩信功能,以求清净节时。阳台触眼绿色者,唯兰蕙而已,取其香而弥远,拒肥浊,性残耳!居其中,欣喜退而不休,老而不闲,物而不废。每日读书,尤感饥渴,传来海内外文友一声问安,足慰劳顿。夜观荧屏上,世界众生,出将入相,喜怒哀乐。球队、飙车追击堵截,山川奇丽,爆炸恐怖,胜了败了,哭了笑了,看罢皆当枕头,置之脑后。

　　甜茶苦茶皆已品过,眼下唯淡茶尚温。人生苦短,艺却绵长。道远矣,东方即白,余愿随长幼同道扶攀而行,夕阳红透,上下求索。

风清茶香

图书在版编目(CIP)数据

人非草木：一片茶叶和老人的故事/寇丹著.—
上海：上海书店出版社，2019.9
ISBN 978－7－5458－1821－5

Ⅰ.①人…　Ⅱ.①寇…　Ⅲ.①茶文化-中国-通俗读
物　Ⅳ.①TS971.21-49

中国版本图书馆 CIP 数据核字(2019)第 116229 号

策　　　划	悟　澹
题　　　签	钱建忠
绘　　　画	罗希贤
篆　　　刻	李　唯

责任编辑	杨柏伟　　何人越
特约编辑	陈　鉴
封面设计	汪　昊

人非草木：一片茶叶和老人的故事
寇　丹 著

出　　版	上海书店出版社
	（200001　上海福建中路 193 号）
发　　行	上海人民出版社发行中心
印　　刷	上海叶大印务发展有限公司
开　　本	890×1240　1/32
印　　张	6
版　　次	2019 年 9 月第 1 版
印　　次	2019 年 9 月第 1 次印刷

ISBN 978－7－5458－1821－5/TS・12
定　　价　35.00 元